本书为国家社会科学基金项目"期刊创新性评价标准及其计量模型研究"（项目编号：12BTQ34）研究成果之一。本书得到了安徽省高等教育省级振兴计划项目（项目编号：2015jyxm138）资助

期刊论文创新性评价理论与方法

魏瑞斌　著

中国财经出版传媒集团

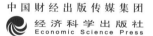

经济科学出版社
Economic Science Press

图书在版编目（CIP）数据

期刊论文创新性评价理论与方法/魏瑞斌著 . —北京：
经济科学出版社，2020.1
ISBN 978 - 7 - 5218 - 1259 - 6

Ⅰ . ①期…　Ⅱ . ①魏…　Ⅲ . ①期刊 - 论文 - 评价 -
研究　Ⅳ . ①G312

中国版本图书馆 CIP 数据核字（2020）第 022016 号

责任编辑：周国强
责任校对：郑淑艳
责任印制：邱　天

期刊论文创新性评价理论与方法

魏瑞斌　著

经济科学出版社出版、发行　新华书店经销
社址：北京市海淀区阜成路甲 28 号　邮编：100142
总编部电话：010 - 88191217　发行部电话：010 - 88191522
网址：www. esp. com. cn
电子邮箱：esp@ esp. com. cn
天猫网店：经济科学出版社旗舰店
网址：http：//jjkxcbs. tmall. com
固安华明印业有限公司印装
710 × 1000　16 开　13 印张　200000 字
2020 年 2 月第 1 版　2020 年 2 月第 1 次印刷
ISBN 978 - 7 - 5218 - 1259 - 6　定价：86. 00 元
（图书出现印装问题，本社负责调换。电话：010 - 88191510）
（版权所有　侵权必究　打击盗版　举报热线：010 - 88191661
QQ：2242791300　营销中心电话：010 - 88191537
电子邮箱：dbts@esp. com. cn）

序

2010 年 5 月 5 日，国务院发布的《国家中长期教育改革和发展规划纲要（2010—2020 年）》中明确提出，要完善以创新和质量为导向的科研评价机制。2011 年 11 月 7 日印发的《教育部关于进一步改进高等学校哲学社会科学研究评价的意见》也指出，要确立质量第一的评价导向、实施科学合理的分类评价、完善诚信公正的评价制度、采取有力措施将改进科研评价工作落到实处。2016 年 5 月 17 日，习近平总书记在哲学社会科学工作座谈会上的讲话中指出，"要建立科学权威、公开透明的哲学社会科学成果评价体系，建立优秀成果推介制度，把优秀研究成果真正评出来、推广开。"① 从这些内容可以看出，科研评价要坚持以创新和质量为导向，科研评价制度、评价方法等要围绕创新和质量来制定和展开，这一定会有利于提升我国的科学研究水平，也将促进我国科学事业的良性发展。期刊论文评价是科研评价的一个重要组成部分，也是图书情报学一个重要研究领域，对其进行探索性研究，既有很强的现实意义，同时也有一定的学术价值。

创新是期刊论文的灵魂，也是期刊论文学术价值的核心所在。期刊论文的创新可以表现为理论创新、方法创新、数据创新等不同的层面。期刊论文的创新性评价是一项非常困难的研究。其难点主要包括 3 个方面的问题：期刊论文创新性如何界定？期刊论文创新性如何量化？如何确定期刊论文创新

---

① 《习近平在哲学社会科学工作座谈会上的讲话》，载《人民日报》2016 年 5 月 19 日第 2 版。

性评价的标准和指标设计？

魏瑞斌博士首先基于大量相关文献，对学术创新、知识创新、期刊论文创新这3个基本的概念进行了相关论述，并对相关理论和方法进行了梳理。其次，结合我本人提出的"全评价理论"，探讨了期刊论文创新性评价中涉及的评价主体、评价客体和评价目的等相关问题。本书利用翔实的数据，一方面是从期刊论文标题、论文参考文献、突发词等传统的角度探讨了期刊论文创新；另一方面是从耦合关系、自引网络、共词网络、主路径分析等文献网络视角研究了期刊论文创新。评价的客体既有期刊论文本身，也探讨了研究者、研究机构和研究方法的创新。

总体而言，本书内容陈述清楚，评论得当，较为系统地对期刊论文创新性评价进行了一系列相关研究。这种多角度、多种方法对期刊论文创新评价的研究对于丰富该领域的研究有一定的学术价值。本书对图书情报学和科学学研究领域的人员有一定的参考价值。

期刊论文创新性评价是个前沿课题。由于引文计量法既包含同行定性评价，也能定量评价，因此创新性评价上有其方便、独特之处。当然引文计量法不完全等于同行定性评价，尽管二者有正相关性。如何根据评价目的，将同行定性评价与引文计量法有机结合起来，相互补充、验证和校对，是一个值得深入研究的问题。

早在10多年前，魏瑞斌博士的博士论文题目就是"期刊核心竞争力评价研究"。毕业10多年来他一直孜孜不倦于该领域的研究，取得了不少成果。希望瑞斌博士再接再厉，在未来的研究上更上一层楼。

是为序。

叶继元
南京大学信息管理学院

目 录
CONTENTS

1

引　言

1.1　我国科技论文产出情况

　　自 1987 年以来，中国科学技术信息研究所一直承担着中国科技人员在国内外发表论文数量和影响的统计分析工作，每年定期公布中国科技论文发表状况和趋势，并在此基础上拓展到对中国在专利产出、科技期刊、学术图书出版等领域情况的统计分析。2018 年 11 月 1 日，中国科学技术信息研究所发布了 2018 年的中国科技论文统计结果系列报告。系列报告具体包括：中国科技论文的整体表现、中国国际科技论文产出状况、中国国内科技论文产出状况、中国高校创新发展报告、中国卓越科技论文产出状况报告、领跑者5000——中国精品科技期刊顶尖学术论文、中国科技期刊相关指标、中国科技图书相关指标。

　　我国国际科技论文数量连续九年排在世界第 2 位。SCI 数据库 2017 年收录中国科技论文为 36.12 万篇，占世界份额的 18.6%，其中中国第一作者论文 32.39 万篇。我国在国际顶尖学术期刊上发表论文数量排名前进到世界第4 位。我国国际高被引论文数量、热点论文数量继续保持世界排名第 3 位。我国国际合著论文占比超过 1/4，参与国际大科学合作产出论文继续增加。2017 年中国发表的国际论文中，国际合著论文为 9.74 万篇，国际合著论文占我国发表论文总数的 27.0%。2017 年中国作者为第一作者的国际合著论文占我国全部国际合著论文的 69.7%，合作伙伴涉及 155 个国家（地区）。合作伙伴排前 6 位的分别是：美国、英国、澳大利亚、加拿大、日本和德国，其中与美国合著论文占我国全部国际合著论文的 43.9%。论文发表后被引用的情况，可以反映论文的影响。我国国际论文被引用次数排名继续保持在世界第 2 位。2008~2018 年（2018 年截至 10 月）我国科技人员发表的国际论文共被引用 2272.40 万次，与 2017 年统计时比较，数量增加了 17.4%，排在世界第 2 位。我国材料科学领域论文被引用次数保持世界首位，另有 10 个学科领域排名世界第 2 位。从科技论文在总体数量、高水平论文数量、高水平期刊上发表论文的数量和论文被引等统计指标看，我国目前已经处于世界前列。

2016 年 5 月 30 日，中共中央总书记习近平在全国科技创新大会、中国科学院第十八次院士大会和中国工程院第十三次院士大会、中国科学技术协会第九次全国代表大会上提出的五点要求之一就是要加强科技供给，服务经济社会发展主战场。"穷理以致其知，反躬以践其实"。科学研究既要追求知识和真理，也要服务于经济社会发展和广大人民群众。广大科技工作者要把论文写在祖国的大地上，把科技成果应用在实现现代化的伟大事业中。从吴锋（2013a，2013b）、刘万国（2013）的研究结果看，我国论文外流的现象已经比较严重。我国高水平论文的流失有很多原因，如国内科技期刊的学术水平相对较低，论文作者希望与国际同行进行学术交流等。

笔者认为最重要的还是与国内的科研评价制度、评价理念、评价方法等有较大关系。在职称评审、项目申报等实际工作中，国际论文的重视程度明显要强于国内论文。当然，不能反对国内学者把科研成果率先发表在国外的学术期刊上，而应该鼓励学者在论文发表时既注重与国外学术界的交流；同时也应该把一些优秀的成果选择在国内学术期刊上发表。国内学术期刊只有国际一流的学术成果，才有可能成为国际上一流的学术期刊。国内学术期刊国际化是一个大的趋势，它需要期刊界和学术界的共同努力。为了引导科技管理部门和科研人员从关注论文数量向重视论文质量和影响转变，考量中国当前科技发展趋势及水平，既鼓励科研人员发表国际高水平论文，也重视发表在我国国内期刊的优秀论文。中国科学技术信息研究所从 2016 年开始，发布《中国卓越科技论文产出状况报告》。这种评价活动将对改变国内论文外流的现象产生一定积极的效果。

1.2　以创新和质量为导向的科研评价

对于科研评价、学术评价，很多重要文件都提出了一系列相关的指导。在国务院 2006 年 2 月发布的《国家中长期科学和技术发展规划纲要（2006—2020 年）》中，专门有一部分为"推进科技管理体制改革"。纲要中明确提出，要根据科技创新活动的不同特点，按照公开公正、科学规范、精简高效的原则，完善科研评价制度和指标体系，改变评价"过多过繁"的现象，避免急功近利和短期行为。面向市场的应用研究和试验开发等创新活动，以获得自主知识产权及其对产业竞争力的贡献为评价重点；公益科研活动以满足公众需求和产生的社会效益为评价重点；基础研究和前沿科学探索以科学意义和学术价值为评价重点。建立适应不同性质科技工作的人才评价体系。在2010 年 5 月 5 日国务院发布的《国家中长期教育改革和发展规划纲要（2010—2020 年）》中明确提出，要完善以创新和质量为导向的科研评价机制。《教育部关于进一步改进高等学校哲学社会科学研究评价的意见》（简称《意见》）于 2011 年 11 月 7 日印发。该《意见》分"充分认识改进哲学社会科学研究评价的重要意义""确立质量第一的评价导向""实施科学合理的分类评价""完善诚信公正的评价制度""采取有力措施将改进科研评价工作落到实处"5 个部分。

2016 年 5 月 19 日，中共中央、国务院印发《国家创新驱动发展战略纲要》提出，要完善突出创新导向的评价制度。根据不同创新活动的规律和特点，建立健全科学分类的创新评价制度体系。推进高校和科研院所分类评价，实施绩效评价，把技术转移和科研成果对经济社会的影响纳入评价指标，将评价结果作为财政科技经费支持的重要依据。2016 年 7 月 28日，国务院发布的《"十三五"国家科技创新规划》中明确指出，要健全科技人才分类评价激励机制。改进人才评价考核方式，突出品德、能力和业绩评价，实行科技人员分类评价。探索基础研究类科研人员的代表作同行学术评议制度，进一步发挥国际同行评议的作用，适当延长基础研究人才评价考核周期。对从事应用研究和技术开发的科研人员注重市场检验和用户评价。引导科研辅助和实验技术类人员提高服务水平和技术支持能力。

2016 年 5 月 17 日，习近平总书记在哲学社会科学工作座谈会上的讲话中指出，"要建立科学权威、公开透明的哲学社会科学成果评价体系，建立优秀成果推介制度，把优秀研究成果真正评出来、推广开"。"有的智库研究存在重数量、轻质量问题，有的存在重形式传播、轻内容创新问题，还有的流于搭台子、请名人、办论坛等形式主义的做法。智库建设要把重点放在提高研究质量、推动内容创新上"。"百花齐放、百家争鸣，是繁荣发展我国哲学社会科学的重要方针。要提倡理论创新和知识创新，鼓励大胆探索，开展平等、健康、活泼和充分说理的学术争鸣，活跃学术空气"。

从这一系列内容可以看出，科研评价要坚持以创新和质量为导向，科研评价制度、评价方法等要围绕创新和质量来制定和展开，这一定会有利于提升我国的科学研究水平，也将促进我国科学事业的良性发展。

1.3　期刊论文创新评价的三维分析框架

本研究首先对期刊论文创新性评价的理论与方法进行了梳理，作为研究的理论和方法基础。然后参照叶继元教授的全评价理论，对期刊论文创新性的全评价进行了论述。最后一部分是以期刊论文为研究对象，从不同角度进行了相关研究。

本研究的三维分析框架如图 1-1 所示。

（1）论文特征。论文特征是研究期刊论文创新性的信息和数据基础。本研究将从论文的标题、摘要、关键词、参考文献和论文引用与耦合网络信息来展开相关研究。

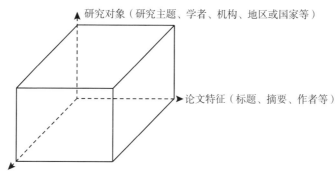

研究对象（研究主题、学者、机构、地区或国家等）

论文特征（标题、摘要、作者等）

研究方法（传统计量方法、网络分析方法、内容分析法）

图 1－1　期刊论文创新评价的三维分析框架

（2）研究方法。本书所采用的研究方法既包括传统的文献计量方法，如基于被引频次的相关研究；也采用了网络分析方法，如自引网络、引证网络、耦合网络、共词网络等。本书还利用内容分析法对期刊论文的研究方法等进行编码，以期从内容层面对期刊论文的创新性进行更加深入的分析与评价。

（3）研究对象。本研究的研究对象涉及研究主题，如共词分析、引文分析、学者［如 Egghe（埃格赫）、Leydesdorff（雷迭斯多夫）和 Glanzel（格兰采尔）三位学者］、机构（如印第安纳大学）。通过不同的研究对象来进行对比研究。

| 2 |
期刊论文创新评价的相关理论与方法

2.1 学术创新与知识创新

2.1.1 学术创新

徐永（2013）认为，改革开放以来有关"学术创新策略"的话语呈现路径有三种形式：一是学术创新的"学者话语"；二是有关学术创新的"官方话语"；三是有关学术创新的"民间话语"。笔者在文献调研时发现，学术创新似乎是一个不言自明的概念。胡大平（2003）、皇甫晓涛（2004）、崔平（2005）、曹顺庆和朱利民（2007）、范军（2012）、宋歌（2015）在研究有关学术创新相关问题时，都没有对学术创新进行明确的界定。有些学者在对学术创新及相关问题的研究过程中还是从不同角度提出了自己的看法。胡守钧（2004）认为，所谓学术创新，乃是对旧文本的突破。无突破，就无创新。在这个过程中，或突破概念，或突破命题，或突破方法，总之是以同构度高的新文本代替同构度低的旧文本。徐海燕（2005）认为，"学术创新"有广义与狭义之分。广义的学术创新既包括学术创新成果方面，又包括学术创新的过程方面，而狭义的学术创新仅限学术创新的成果方面。狭义的学术创新指学术成果或学术产品中体现出来的创新性；广义的学术创新则包括各种学术活动或学术过程的创新性。她认为，一项学术研究是否具有创新性，主要应从开拓研究领域、使用研究方法、运用论证资料、阐述观点或理论方面是否具有创新性等四个方面进行考察。陈新仁（2017）认为，学术创新体现为一个或多个维度（涉及研究对象、研究问题、研究范式、研究方法、理论框架、研究发现等）的突破。王浩（2013）认为，图书馆学的学术创新是人们在图书馆学研究中充分发挥主观能动性，首创出有价值的、新事物的理性活动。这就是说，图书馆学学术创新是人类自觉的有意识的活动，创新的主体是图书馆研究人员，这不同于大自然的演化以及动植物的被动变化。我们应从新颖性原则、科学性原则、系统性原则和批判性原则四个方面来指导自身的创新活动。

关于学术创新的表现，一些学者也给出了自己的看法。邹诗鹏（2017）认为，学术特别是人文社会科学学术常常包含三个层面的内涵：质料层、结构层与理念层。质料层是外层，质料层的原创乃学术原创活动的物质基础；结构层是中间层，它是学术原创活动的形式与组织保证；最内层的理念层则是学术原创活动的内核与实质。何星亮（2012）在探讨中国人类学、民族学学术创新时，对理论创新、观点创新、方法创新的内涵和形式进行了论述。陈新仁（2017）结合语用学研究提出了"是否发现了（有价值的）新（语言、语用或修辞）现象？""是否提出了（有价值的）新问题？"等 14 个学术创新的具体表现。马立钊（2015）认为人文社会科学的创新方式或者说创新类型，可以分为继承性创新、综合性创新和原始创新。只有如此，才能称得上"创新"，才算真正科学意义上的"创新"，才可以纳入学术创新的范畴。

王子舟（2007）认为，学术创新必须从学术史研究入手。以下是他在纪念刘国钧先生《什么是图书馆学》发表 50 周年专题撰写的一段文字。他关于学术创新的 5 种条件，笔者认为也是学术创新的 5 种形式。

> 学术创新应具有下面 5 种条件之一：因实践发展需要而发明一种新概念或提出一个新观点；获得了一种新的可作为实证根据的资料来源；采用了一种新的研究方法；开辟了一个新的有价值的研究领域；创立了一种新的研究范式。以上任何一种情况都属于创新，但无论哪种创新，都离不开对学术史的研究。正如邓正来先生所说，

现有的知识存量都是从学术传统中生长和发展起来的，如果离开了学术传统，我们就不会知道自己的学术观点是否已经被先贤详释，不会知道除了实际效用外还可以从何处获得对增量知识的评判标准，水灵然也就谈不上所谓的知识增量和学术创新的问题了。

对于如何进行学术创新，有些学者也提出自己的观点。何星亮（2012）提出了原创法、替代法、修正法等 6 种学术创新的具体方法。梅新林（2012）在对中国古代文学研究研究过程中的学科交融与学术创新的主流趋向以及伴随着三大难题的困扰分析的基础上，提出了在文献、文本、文化研究的三"文"融通的引领下，通过资源重整、范式重构与意义重释的整体互动与突破。陈新仁（2017）认为，学术创新要落实到学术论文中。这就要求我们在摘要、引言、正文、结语等各个文本环节客观而公允地呈现我们的创新之处，只有做到读者友好，才能达到作者友好的效果。

学术创新是一件比较困难的事情。杨金华（2007）认为，要慎言"学术创新"。他认为，"判断学术成果是否'创新'，关键在于，新发表的学术论著是否对前人和同时代人的研究结论做出了实质性的推进。这里所说的'学术上的推进'主要包括两方面的含义：一是就前人或同时代人已经做出的学术成果，提出新观点、新方法（或新的视角，或新的论证方法）和新论据；二是在前人和同时代人研究的基础上，开拓出新的研究领域，提出新的问题和解决问题的思路、方法和结论。而且，不管是宏观还是微观，不论是整体还是局部，任何研究成果都必须经过作者的独立思考，都应该有着他与别的研究者不同的新见解、新论点。"

马立钊（2016）认为，学术期刊作为学术成果的重要载体，在推动学术发展过程中扮演着非常重要的角色。学术创新需要借助学术期刊予以传播、扩散，并获得学术界和大众认知。为了保障创新性成果能够及时参与学术界学术交流，获得学术研究成果的快速传播，学术期刊有必要立于学术前沿，具有前瞻性学术思想和思维，引导学术思潮。期刊论文是研究者学术创新成果的重要体现，学术创新的理论方法对期刊论文创新性评价的研究有重要的指导作用。如学术创新的类型、学术创新的方法等都可以作为期刊论文分类评价的一个标准。学术创新的概念是期刊论文创新性定性评价时的认知基础。

2.1.2　知识创新

知识创新是知识管理领域非常重要的一个研究内容。邱均平和段宇锋（1993）认为，知识创新是知识管理的直接目标和实现途径。人是知识的宿主，知识创新首先表现为个人的活动。然而实践中却往往是许多人围绕某个共同的目标相互协调合作而形成群体和组织，从而从总体方面表现出知识创新的能力。所以，知识创新体现在两个层次上，即个人和组织。美国学者艾米顿（1913）提出："所谓知识创新，是指为了企业的成功、国民经济的活力和社会进步，创造、演化、交换和应用新思想，使其转变成市场化的产品和服务。"他讲的知识创新，包括科学研究获得新思想、新思想的传播和应用、新思想的商业化等。狭义的知识创新是指通过科学研究获得新的科学知识（包括自然科学知识、社会科学知识和技术科学知识等）的过程和行为。刘劲杨（2002）、晏双生（2010）对国内外学者对知识创新的不同定义进行了梳理。从他们的研究可以发现，知识创新是一个非常复杂的研究领域，不同学者由于其研究视角不同，对知识创新的定义也存在一定的差异。

员巧云和程刚（2009）将国外知识创新理论研究主要分为两个领域：以"个体隐性知识显性化"为核心的知识创新；以"知识资本"（intellectual capital）为核心的知识创新。她们还重点介绍了野中郁次郎（Nonaka）的知识创新理论框架。刘炜和徐升华（2009）从协同知识创新的概念、模型、实现技术和内在机制对协同知识创新领域的成果进行了综述性研究。龙跃（2013）从知识创新的概念、特征等入手，综述现有关于知识创新过程与影响要素、研究方法、机制等研究现状。从以上三篇综述性的研究成果看，知识创新研究的主要对象是企业或组织，研究主题涉及知识创新的概念、知识创新模型、知识创新过程、知识创新效率的评价、知识创新的机制等方面。

关于知识创新与学术期刊关系的研究成果较少。谢淑莲（1999）认为，知识创新的主体是科研人员，特别是具有创新意识的科研人员。他们在科学研究中获得的创新知识，即发现的新现象、新规律，获得的新观点，创造的新学说和新方法，首先发表在相应的期刊上，以得到同行的承认、推广和应用，或者以新的学术思想对旧的或传统的学术思想进行挑战，从而推动科学和技术的发展和进步。在知识创新系统中，学术期刊是知识创新系统的完整记录，是创新知识传播的重要途径，是科学知识最高层次教育和文明建设的重要阵地。刘晓萍（2001）从期刊编辑的角度出发，她认为学术期刊是知识创新的重要载体。学术期刊是全社会知识创新活动的基础条件，是国家知识创新工程的重要组成部分，在知识创新和创新人才培养中都起着重要作用。王一心（2001）从学术交流、人才培养、知识传播、成果转化、引导持续创新等方面，论述了学术期刊对知识创新的主要功能。这些研究虽然不够深入，但他们结合工作实际，从不同角度诠释了学术期刊与知识创新的关系。

本研究是以期刊论文为研究对象，关注的是狭义上的知识创新，创新的主体是微观层面的研究者个体或其研究团队；中观层面是大学、研究机构；宏观层面是地区或国家。同样，知识创新的一些理论和方法同样在期刊论文创新性评价过程中起着借鉴或指导作用。

2.2　期刊论文创新

2.2.1　期刊论文创新的概念

从笔者文献检索结果看，关于期刊论文创新的研究成果非常少。相关研究成果主要是一些期刊编辑结合其工作实际提出的对期刊论文创新的研究。如李如森等（2001）认为，期刊论文创新应该具有独创性、新颖性和实用性的特点；同时必须具有科学性，符合科技论文真实性、再现性、准确性、逻辑性和公正性要求。钟细军（2010）认为，科技学术论文的创新具有 3 个重要属性，即：学科领域性和专业方向性；真实性和可重复实现性；比对性或继承性。还有的学者用创新点来对期刊论文创新进行论述。如戈尔莉和焦亚（Gorley & Gioia，2011）认为，创新点是指"能够促进我们从理论、实证或方法论上更多地理解现象的诸多方面"。李怀祖（2004）认为，"创新点就是要概括出自己的研究工作做出了什么原本人们还不清楚或有误解的结果"。戴维斯（Davis，1971）关注于读者，认为能够否定读者某些假设的"有趣性"才是衡量论文创新点的基本标准。伯格（Bergh，2003）将影响人扩展到包括竞争者或竞争理论的范围，并基于动态竞争能力战略观提出测试论文创新性的三项标准：对读者有无价值；是否让竞争理论难以模仿；是否具有独创的稀缺性。从这些不同的表述中可以发现，研究者的角度不同，对期刊论文创新的理解也存在差异。

笔者认为，期刊论文创新是一个相对的概念。这个相对性至少表现在以下三个方面。①时间属性。当我们在探讨一篇论文的时候，一定会选择与已有研究成果进行比较。只有与参考对象比较之后，才能判断一篇论文是否有创新性。如在期刊评价指标领域，当评价赫希（Hirsch，2005）提出的 h 指数是否具有创新性时，需要把它和被引频次、发文量、影响因子等这些已经存在的指标相比。评价埃格赫（Egghe，2006）提出的 g 指数是否具有创新性时，需要把它和 h 指数等相关指标比较。②空间属性。期刊论文创新评价时还应该考虑空间属性。如有些研究会用"填补了国内空白，或是国内第一……"等来描述自己的研究成果，这其实又涉及期刊论文创新性评价的空间属性。在评价论文创新性时，国内外的比较也是一个考虑的因素。③类别属性。论文的同类相比是论文创新性评价过程中非常重要的一个方面。与期刊评价不同，论文评价通常更加微观。不同学科、不同领域、不同类型的论文其创新性的表现也存在较大差异。论文评价更加强调相关性，即便是同一个学科，如果对信息检索和论文评价两个领域的论文创新性直接比较，很难得出一个客观、准确的结论。

期刊论文的创新有两层含义：一是有没有创新；二是创新程度的大小。习近平总书记 2016 年 5 月 17 日在哲学社会科学工作座谈会上的讲话中的一些内容对于理解创新有很重要的借鉴意义。

> 要坚持古为今用、洋为中用，融通各种资源，不断推进知识创新、理论创新、方法创新。理论的生命力在于创新。创新是哲学社会科学发展的永恒主题，也是社会发展、实践深化、历史前进对哲学社会科学的必然要求。社会总是在发展的，新情况新问题总是层

出不穷的，其中有一些可以凭老经验、用老办法来应对和解决，同时也有不少是老经验、老办法不能应对和解决的。如果不能及时研究、提出、运用新思想、新理念、新办法，理论就会苍白无力，哲学社会科学就会"肌无力"。哲学社会科学创新可大可小，揭示一条规律是创新，提出一种学说是创新，阐明一个道理是创新，创造一种解决问题的办法也是创新。

理论思维的起点决定着理论创新的结果。理论创新只能从问题开始。从某种意义上说，理论创新的过程就是发现问题、筛选问题、研究问题、解决问题的过程。

在研究期刊论文创新的过程中，应该树立"问题意识"，要看论文具体解决什么问题？作者是如何研究问题、解决问题。期刊论文的创新可以表现在提出新问题；研究问题的方法和过程方面有创新；解决问题的思路有创新等方面。

期刊论文是由作者个体或是与其合作者共同完成的，他们是创新的主体。本书研究过程中，除对论文创新本身研究之外，还会根据作者及其相关信息来关注研究者或及其合作者的创新；同时也会通过研究一个机构、地区或国家产生的论文结合，从中观和宏观层面对其创新进行相关研究。

2.2.2 期刊论文创新判断的方法

关于期刊论文创新性的判断，有些学者进行了相关研究。如李如森等（2001）认为，科技论文的创新性可以从标题、引言、研究方法、研究结论和全文综合分析五个方面来判断其创新点，并且每个方面都可以采取打分制进行量化。他们还提出，由于科技论文创新性判断的复杂性，量化评估不是唯一的方法，应该提倡定性与定量相结合的方法。宫福满等（2001）认为，科技期刊编辑可以采取以下方法对科技论文的创新性进行评价：①对稿件来源进行分析；②对作者信息进行分析；③用逻辑方法分析；④用现代检索手段评价；⑤通过引文评价；⑥凭借审稿专家的作用。黄澜（2001）把论文创新分为：器物的与技术的创新；原理的创新；思想的创新；理论、技术的推广应用四种类型，并结合一些实例对每种创新类型进行了分析。虞沪生等（2006）认为，论文的创新性应主要由审稿专家来判断。期刊编辑可以从摘要、引言和参考文献三个方面来对论文的创新性进行一个初步判断。钟细军（2010）认为，科技学术论文创新性的初审评价包括五个方面：①确认论文的学科领域与专业方向，对比关键参考文献，初步判断内容是否有创新。②把握论文创新的真实性，防止学术不端。③认真分析论文各部分的逻辑相关性，判断创新可信度。学术论文的创新必须分析题名、摘要、引言、结论与正文的逻辑相关性，把握创新可信度。④对照关键参考文献，追索研究起点。⑤依据作者的创新性说明，查证核实创新。盛杰（2011）认为，编辑应从明确科技论文创新性内涵、建立不同学科分支来稿库、利用网络和检索工具查新、结合通过审读论文的引言、研究内容以及结论寻找创新点这 6 个方面来把握科技论文的创新性。朱大明（2011）认为，科技期刊论文创新性鉴审的 4 个基本要素为创新知识点的归纳、创新程度的界定、创新类别的划分和创新价值的判断。胡英奎等（2012）提出了根据论文的前置部分、主体部分和参考文献等内容提供的信息初审论文创新性的方法。

总体而言，这些研究成果的作者都是期刊编辑，他们在实际工作中形成了对论文创新判断的一些具体做法，这些做法有较强的可操作性和实用性。但是这些方法基本都是一些通用的方法，没有能结合各个专业的实际情况来针对性地进行深入研究，而且相关的研究工作主要是经验的总结和提炼，没有太多的理论和方法的支持，研究的深度还有待提升。这些对论文创新性的评价通常是论文还处于评审阶段，并没有正式发表。这个阶段的评价目前主要还是借助于专家定性评价方式，其评价结果与评审专家的学术水平有很大关系。当论文正式发表之后，它就进入了一个公共领域，接受更多学术同行的评价。学术同行不会像审稿专家那样决定论文是否可以发表，但是它们会通过下载、引用等方式来反映其评价结果。虽然引用有一些不正常的现象，但整体而言，随着学术规范和学术素养的不断加强和提升，学者的引用会更加科学、规范，学者的引用一定程度上是对期刊论文创新性的一个重要认可。一般情况下，对于一些领域内创新性非常高的成果，其被引的次数也一定较多。

2.2.3　期刊论文创新的评价指标体系

期刊论文创新性评价指标体系的研究较少。周露阳等（2006）在对学术论文创新性的基本含义的基础上，结合别人的研究成果，提出了一个学术论文创新因素的指标体系（见表2-1）。这是一个比较通用的评价体系，基本涵盖了期刊论文创新的各个方面，在对期刊论文进行定性评价时有一定的可操作性。白胜和宋李荣（2015）认为，管理类论文创新点的本质是相对性。他们认为，管理类论文的创新点＝创新参照点＋创新内容＋创新过程证明，并用表2-2的形式对构成要素进行了分析。相对于前面的一些作者，该研究在专业性和理论性方面都有较大的提升。曹妍等（2017）利用德尔菲法构建护理论文创新性评价指标体系。这两篇研究成果虽然都提出了专业领域的论文创新评价体系，但都没有进行实证研究，其指标体系的科学性、可操作性等方面还有待验证。

表2-1　　　　　　　　　　学术论文创新因素的指标体系

一级指标	二级指标	三级指标	指标含义	文中的创新因素
新论点	新理论	新假设	对已有的假设进行增删或修改	
		新概念	对已有的概念进行局部修正	创新、学术论文创新
			对已有概念进行全部否定并提出新的内涵和外延	
			创建当时文献中没有的概念	学术论文创新因素
		新结论	对已有结论的局部修正包括补充、综合、比较等	修正关于创新因素的表述
			对已有观点的全部否定并提出完全不同的观点	否定以论据为创新因素
			在理论空白点上得出结论	
		新的应用范围	对理论的已有应用范围进行局部修正	
			对理论的已有应用范围进行全部否定并提出新的应用范围	
			对一个全新的理论提出应用范围	
		新应用	已有结论在不同条件下的应用	

续表

一级指标	二级指标	三级指标	指标含义	文中的创新因素
新论点	新方法	—	对已有的计算、操作、实验研究等的方法进行局部修正	创新因素的甄别流程
			对已有的计算、操作、实验、研究等的方法进行全部否定并提出全新方法	
			首创一种计算、操作、实验、研究等的方法	
	新对策	—	针对特定问题提出一套不同的解决方案	
	新学科	—	不同的学科交叉	编辑学与科学学的交叉
			与现有者完全不同的学科	
新论据	新数据	—	对已有数据进行修正得到不同的数据	
			对已有数据加工处理得到不同的数据	
			亲自调查或实验获取第一手数据	
	新事实	—	揭示业已存在，但由于各种原因不为人知的现象或事实	
			揭示业已存在，但信息有所失真的现象或事实	
			揭示第一次出现的现象	
创新因素累计数				

资料来源：根据周露阳等（2006）整理而得。

表 2 - 2 　　　　　　　　　　**管理类论文创新点的构成要素**

构成要素	反映创新点的内容	作用	回答的问题	质量要求
创新参照点	创新起点	反映创新内容的重要性	"为何要提出此创新点"：现有研究的困境是什么？为什么它们值得研究？	具体；读者可感知的重要性
创新内容	创新能达到的终点	突出创新内容的价值性	"创新点是什么"：解决了参照点的困境吗？解决效果与竞争研究者及竞争理论相比如何？	进步（"多快好省"）；新奇性（"妙"）
创新过程证明	创新点的形成轨迹	证明产生创新内容的合理性	"回答这个创新点是否成立的质疑"：解决方法及过程符合公认的研究规则吗？	清晰性；恰当性

2.3 期刊论文创新评价的相关理论

2.3.1 评价理论

评价理论是指人们由评价实践概括出来的有系统的概念、原理和结论。从层次上可分为基础理论、评价理论、学术评价理论和人文社会科学评价理论。认识论、价值论、知识论、系统论等都是评价理论的基础理论。从笔者的文献检索看，不同学科的学者对评价理论都有一系列综述性的研究成果。这些成果可以分为三种类型。

（1）不同学科领域的评价理论综述。例如，彭张林等（2015）对国内外已经形成的综合评价基础理论和相关研究方法进行综述，其文献来源基本以管理科学与工程领域为主。他们详细介绍了国内外比较有代表性的综合评价理论和方法，文献梳理得非常清晰，条理清楚，很有参考价值。赵传金（2005）、邓艾（2012）、王显志和马赛（2014）分别对哲学、民族学和语言学领域的评价理论进行了综述。

（2）不同主题的评价理论综述。例如，高海红（2003）、袁艺（2006）、卢向华（2006）、陈守龙和刘现伟（2007）、周宏等（2008）、高锋和肖诗顺（2009）、仇欢和李霞（2017）分别对投资组合业绩、投资评价、信息技术、企业 IT 应用绩效、企业技术创新能力、相对绩效、服务质量、企业可持续发展指数这些主题的评价理论进行了综述性研究。

（3）特定评价理论的综述。例如，刘兴兵（2014）、戴季瑜和徐漪（2015）、罗小勇等（2013）和洪竞科等（2012）分别对马丁（Martin）评价理论、SOLO 评价理论和生命周期评价理论的应用研究进行了综述。

以上这些综述中所涉及的评价理论有一些是通用的评价理论，本书在研究过程中将合理使用，如生命周期理论等。李冲和王前（2010）对知识定量评价理论与方法与本书研究的相关性最强。他们从多学科的视角，探讨了文献计量学和科学计量学、信息计量学和情报计量学以及知识经济和知识管理研究中对知识定量评价的理论和方法，分析了各自的优势和不足。文献信息流的分布规律、文献主题分布和引文分析等理论的方法都将在后续研究中起指导作用。

2.3.2 期刊评价理论

自 20 世纪 90 年代中叶起，期刊评价研究在中国逐渐升温。赖茂生等（2009）通过文献调研发现，国内对期刊评价的研究分布较为广泛。研究较为深入的学科有图书馆学、情报学、编辑出版学、科技管理或科研管理等学科或领域。研究内容涉及期刊评价的作用、评价方法和指标、评价案例、对影响期刊评价因素的讨论、期刊评价结果的应用、期刊评价中存在的问题等。他们认为期刊评价是在布拉德福文献离散定律和加菲尔德文献分布集中定律的基础上逐渐发展起来的，因而带有文献计量学的种种特征与弱点。郭君平和荆林波（2016）将我国人文社会科学根据对历届优秀期刊评奖的价值取向和社科文献计量学发展趋势的综合分析，我国人文社会科学期刊评价大致可划分为探索尝试期、调整突破期以及创新发展期三个阶段。他们认为，仅以文献计量学相关理论作为唯一的实践依据是脆弱的、不足的且有局限性的。有鉴于此，我国应该在继承发展和与时俱进的基础上，及时构建基于多学科综合交叉、开放动态、系统完整以及具有中国特色话语的人文社会科学期刊评价理论框架与支撑体系。邱均平和李爱群（2008）认为，现有主流经典理论基本源于国外 30 多年的探索与实践，且主要是以文献计量学的理论与方法而形成的一套理论体系和评价体系。其中，英国著名文献学家布拉德福的"文献离散定律"、美国著名情报学家加菲尔德的"引文分析体系"以及美国科学计量学奠基人和情报科学创始人普赖斯的"文献老化指数及研究峰值"，共同构成了"核心期刊"的理论基础。邱均平和李爱群（2007）还对核心期刊评价的理论基础、方法体系和我国期刊评价的实践进行了深入研究。国内已经有学者在利用别的学科的理论和方法来丰富国内期刊评价理论与方法。如刘宇等从历史社会学的角度，提出引入社会分层理论考察期刊层级，指出期刊分层对核心期刊理论的继承与发展。刘宇等（2010，2011）、宋歌和刘利（2013）利用这种理论对图书情报学和法学期刊进行了实证研究。期刊评价的理论和方法随着学术界的不断关注，随着期刊评价实践的不断完善，将不断会有新的理论和方法出现，来更好地指导期刊评价实践。论文作为学术期刊的基本单元，在对其进行评价过程中，很多理论和方法都有一定的指导意义。

2.3.3　全评价理论

南京大学叶继元教授在 2010 年正式提出"全评价"理论框架。因为原有的定性评价与定量评价、直接评价与间接评价、形式评价与实质评价、同行评价与实践评价等"二元"的概念都不能很好地解释已有的国内外评价的历史与现实，且易夸大学术共同体评价的局限性，动摇共同体评价主导的地位。在此情况下，新概念既能比较合理地解释评价历史和现实，又能较好地预测评价未来，就显得非常重要和必要了。所以，在评价体系的构建中，提出形式评价、内容评价、效用评价的概念，具有创新的意义。所谓"全评价"分析框架，概括起来说就是"六位一体"和"三大维度"。"六位一体"是指评价主体、评价客体、评价目的、评价标准及指标、评价方法和评价制度六大要素，其中评价主体是核心，评价目的是龙头，制约着其他要素。"三大维度"是指任一评价客体都可以从三个维度去考察：形式评价、内容评价和价值、效用评价。叶继元教授及其团队成员利用该理论对图书馆电子书、学科馆员、开放存取期刊学术质量、图书馆学期刊质量、开放存取仓储评价体系、数据库评价体系、科技查新质量评价等不同领域进行了一系列相关研究。这些研究成果也反映了该理论具有较为广泛的应用领域和学术价值。本研究将结合期刊论文的不同属性，从形式、内容和效用等角度对其进行评价。

以下内容为叶继元教授对三种评价类型的定义：

所谓形式评价是指评价主体对评价客体内含知识的外部特征的评价，它既包含同行的定性评价，也包含定量评价，但最终的评价可用数字、数据反映，包括发表论著数、被引用数、被文摘量、获奖数、发表字数、获专利数、发表成果的级别、院士和教授人数等。

所谓效用评价是指实践、时间、历史对评价客体实际作用、价

值的验证或最终评价。它既强调用一段时间、有限的实践、已有的
历史事实来评价，更注重长时间、更多实践和事实的评价。

所谓内容评价是指评价主体对评价客体内含知识的本身特征的
评价，由同行专家通过直接观察、阅读、讨论来进行，为了计算的
方便，可能也会将定性评价转换成数字，但最终的评价通常用文字
或数字加文字来反映，如"此方案一致通过""此人是一流学者"
"该成果具有原创性"等。

2.3.4　社会网络分析

李林艳（2004）是国内比较早介绍社会网络分析（social network analy-
sis）的学者。她认为，社会网络分析是指发轫于20世纪70年代，并于80年
代以后日渐成熟起来的社会学中有关社会网络的探索。她详细介绍了社会网
络分析领域一些基本的概念、重要理论的发展等。2006年开始，图书情报
学、教育学、经济学、管理学等领域的学者开始关注，该领域的研究进入一
个快速增长的阶段。赵蓉英和王静（2011）对国外社会网络分析的研究热点
和前沿进行了可视化分析。这个领域的快速发展还得益于很多工具的出现，
提升了研究者的效率和质量。如王运峰等（2008）、王陆（2009）对该领域
的工具进行了相关介绍。期刊论文的作者合作、关键词共现、论文间的引用、
论文共被引、论文同被引等关系，使其相关属性间建立了各种联系，通过社
会网络分析的理论与方法，可以对其在网络中的地位、角色及整体网络特征
等进行刻画和分析，为期刊论文评价提供另外一个视角。

2.3.5　研究前沿和知识基础理论

从陈超美（2009）对科研前沿和知识基础相关研究的文献梳理看，普赖
斯（Price，1965）最早提出"研究前沿"的概念，用它来描述研究领域的动
态本质。普赖斯观察到科学家似乎倾向于引用最新发表的文章，并将其称为
即时因子（immediacy factor）。某个领域的研究前沿是由科学家积极引用的文
章所体现的。普赖斯认为，某个研究前沿由40～50篇最近发表的文章组成。

很多研究者从不同的角度研究学科领域的演变。斯莫尔和格里菲斯（Small & Griffith，1974）认为，共被引文章聚类表征着当前活跃的研究领域。加菲尔德（Garfield，1994）将研究前沿定义为高被引文献及引用这些文献的施引文献的集合，并认为研究前沿的主题可以通过抽取施引文献标题中频次最高的词或词组来表征。佩尔松（Persson，1994）认为，研究前沿和知识基础的区别在于：从文献计量学来看，引文形成了研究前沿，被引文献组成了知识基础。博亚克和克拉范斯（Boyack & Klavans，2010）比较了共被引分析、文献耦合与直接引证网络哪一种方法更能准确地揭示科学前沿。科尼利厄斯（Cornelius，2010）等研究了创业研究领域的研究前沿的变化。陈超美（2009）把研究前沿定义为一组突现的动态概念和潜在的研究问题（即正在兴起的理论趋势和新主题的涌现），将克林伯格（Kleinberg）的突破检测算法抽取高频词作为研究前沿词汇，以共被引文献簇表示知识基础。他最终将其研究成果在 CiteSpace 软件中加以实现，研究人员可以比较方便地利用共被引分析、文献耦合等方法进行研究前沿方面的研究，如赵蓉英和许丽敏（2010）、赵玉鹏（2012）、郭全珍和吕建国（2014）都是利用 CiteSpace 研究了文献计量学、知识图谱和纳米功能材料研究前沿。王立学和冷伏海（2010）将国外研究前沿的概念分为三类，并简要介绍了同共被引、文献耦合分析和共词分析三种研究前沿发现的方法。也有一些学者利用其他方法来研究某个领域的前沿。如柯平等（2014）利用内容分析方法研究了 2013 年国外图书馆学研究前沿与热点。但这种方法比较适合小样本数据的研究，如果数据量过大，研究效率会非常低，而且有较强的主观性。

2.4　期刊论文创新评价的评价指标与评价方法

2.4.1　期刊论文创新的评价指标

评价指标是评价过程中最基本也是最重要的因素之一。笔者在文献检索过程中，没有发现专门探讨期刊论文创新性评价的指标。

　　下面选择一些论文评价领域有代表的成果进行分析。白如江等（2015）分析了学术论文评价影响因素和评价方法。刘盛博等（2016）是从科技论文评价指标发展历程进行的综述性研究。叶鹰（2014）根据学术评价指标与发文—引文的关联属性把学术评价指标分为三类，在概述主要争议的同时，简要评述其发展。张玉华等（2004）、何星星和武夷山（2012）、林德明和姜磊（2012）、王贤文等（2015）都是通过建立指标评价体系进行了论文的实证研究。表2-3是这几篇论文中涉及的论文评价指标的汇总表。

表 2-3　　　　　　　　　　　　　　论文评价指标汇总

作者	指标分类	评价指标
白如江、杨京、王效岳（2015）	外在影响因素	期刊声望因素、作者声望因素、引文因素、合著者因素
	内在影响因素	学科领域、论文类型、实验样本、是否存在对照组、实验结果是否支持实验假设等
刘盛博、王博、丁堃（2016）	基于引用频次和影响因子的评价指标	被引频次（Garfield，1955）、期刊影响因子（美国科学情报信息研究所出版的《期刊引文报告》）（JCR，1976）、质量指数（Paper Quality Index，PQI）（邱均平等，2007）、引证强度（吴勤，2007）、舒伯特 h 指数（Schubert，2009）、引证系数（钟文一、陈云鹏，2011）
	基于引文网络的论文评价指标	（1）PageRank 指标、PrestigeRank（Su et al.，2010）、Weighted Citation（晏尔伽、丁颖，2010）；（2）社会网络分析指标（度中心性、中介中心性、结构洞约束系数等）（宋歌，2010）；（3）权力指数指标（纪雪梅等，2009）、f-Value 指标（Fragkiadaki et al.，2010）、Hi 指标（王凌峰、张泽玺，2012）、ID 指数指标（韩毅等，2013）
	基于引用内容的论文评价指标	（1）基于引用文本内容的评价研究：引用性质和引用深度（王岚，2009；赵青，2010）、收录系统、引用率和引用深度（张微，2010）、引用强度（Wan，2014）；（2）基于引用位置的评价研究：引用力度、引用深度（陈晓丽，2000）
	基于社会影响力指标的论文评价	论文的使用量、浏览量、下载量、社会网络链接数、相关新闻报道、评论等（Shuai et al.，2012；Kwok，2013；Cheung，2013）

续表

作者	指标分类	评价指标
叶鹰（2014）	均值测度	篇均引文、影响因子、即年指数（ISI 体系）、皇冠指数 CI（WTS 体系）、活动指数 AI 和相对引文率 RCR（ISSRU 体系）、MNCS（Lundberg et al）、SNIP（Moed）等
	高影响特征测度	h 指数、E 指数、g 指数
	整体综合测度	百分排序分值 PR、集成影响因子、学术迹
张玉华、潘云涛、马峥（2004）	—	期刊文献的类型、论文发表期刊的影响力、文献发表期刊的国际显示度、论文的基金资助情况、论文合著类型、论文的被引用情况、论文的合作人数、论文的参考文献数、论文的获奖情况、论文被下载的次数
何星星、武夷山（2012）	文献的利用数据	网页点击量、浏览量、下载量
	调整指标	点击下载率、下载引用率
林德明、姜磊（2012）	外部指标	他引率、施引文献的平均被引频次、影响因子贡献率、被引频次贡献率、下载次数
	内部指标	合作规模、参考文献数量指标、参考文献期刊指标、参考文献引用指标、基金资助情况
	网络指标	论文的度、论文的聚类系数、论文的介数、平均度、平均聚类系数、平均最短路径
王贤文、方志超、王虹茵（2015）	论文长期学术影响力	被引次数
	论文短期学术影响力	HTML 浏览量、PDF 下载量
	论文社会影响力	Facebook、Twitter、Mendeley、CiteULike

赫希（Hirsch，2005）提出的 h 指数；埃格赫（Eggher，2006）提出的 g 指数；金碧辉和鲁索（2007）提出的 R 指数、AR 指数；张春霆（2009）提出的 E 指数；叶鹰（2009）提出 f 指数等都引起了学者们的关注。王术和叶鹰（2014）将影响矩应用到论文评价过程当中。何春建（2017）兼顾施引文献的数量与质量，建立包含 TVF、TVF（n）以及 VF（t）等单篇论文影响力评价指标的指标体系，提出将 TVF 指标扩展到多篇论文影响力的分析方法。

笔者在文献调研时发现，这些林林总总的指标提出之后，关于 h 指数、g 指数、R 指数等，很多学者进行了一些实证研究，而对于 PQI、F 指数等的实证研究却很少。这可能与指标数据的计算难度、适用条件和可操作性等有较大关系。还有些学者是从学科的角度对期刊论文进行了相关研究。例如，邓三鸿等（2008）以中文社会科学引文索引（CSSCI）数据为基础，对于人文社会科学各学科期刊论文在篇均引文、基金论文比、合作情况、外文引文情况等方面的差异，指出我国人文社会科学期刊需要加强出版规范，为繁荣我国人文社会科学研究奠定基础。

在相关研究成果中，也可以发现一些研究成果还存在一些明显不足。如高锡荣和杨娜（2017）利用社会网络分析，对 48 篇研究文献作为样本，然后对样本进行文本分析和内容分析，并将研究文献所提出评价指标进行统计和编码，利用社会网络方法进行分析，最终确定了 3 个一级指标和 12 个二级指标用于评价论文。这样的研究很有意义，但是也存在一些不足。首先，在这些指标当中，期刊总被引次数，期刊即年指标、期刊他引率都是期刊评价指标，不应该直接用来评价论文。其次，实证部分直接将每个三级指标的得分标准化后相加，其合理性也不足。再其次，从其实证的结果看，被评价的论文得分主要来源是网络浏览量和下载量，社会影响评价总得分所占比例过大，有点背离评价的目的。最后，实证部分只给出了一篇论文，这种评价结果的偶然性太大，另外没有和别的评价结果相比，最终这个评价指标体系的合理性、科学性和准确性等方面都大打折扣。

在期刊论文评价领域，除个人研究外，还有一些机构也在从事这方面的研究和实践工作。中国科学技术信息研究所从 1988 年起向社会公布中国科技论文统计结果，每年的宏观统计结果编入国家科学技术部和国家统计局出版的《中国科技统计年鉴》，统计结果被科技管理部门和学术界广泛应用。中国科技信息研究所自 2009 年起，每年都会公布一批"表现不俗的中国论文"的统计结果，受到国内外学术界的普遍关注。若在每个学科领域内，按统计年度的论文被引用次数世界均值画一条线，则高于均线的论文为"表现不俗"的论文，即论文发表后的影响超过其所在学科的一般水平。

综上所述，近年来已经出现了这么多论文评价指标。这些指标有的是在被引频次、期刊影响因子基础上进行修正或完善；有的是直接利用社会网络等网络指标或将其改进；有的是目前关注较多的替代计量学指标。没有任何评价指标是完美的，各种指标只是从不同角度反映评价对象某方面的特征。在具体评价过程中，要充分理解这些指标的内涵，结合具体的评价目标来进行评价。

下面这段文字是叶鹰教授在其对国际学术评价指标研究现状及发展综述的总结。笔者认为他的总结对于期刊评价中评价指标的设计和应用有很重要的参考价值。

如果不理解学术评价指标的渊源，就不能正确应用评价指标，这是科学界常常误解和误用学术评价指标的根源。例如，IF 的原初设计是针对期刊，不应异化为针对人；h 指数的原初设计是针对人的终身成就，也不宜变异为一时一刻；学术迹 R 的设计则既对个体（人）也对群体（机构、期刊），可以用来衡量总体学术成就，虽然是普适于微观层面（作者个人、研究小组）、中观层面（机构、期刊）和宏观层面（国家、跨国区域）的测度指标，但却主要适用于测评基础研究，不一定适合工程技术，更不适合文学艺术。所有学术评价指标都存在局限，这些指标所标志的量化评价可以与质性评价互为表里，共同构成在学术评价中具有独特功用的参考方法。

2.4.2　期刊论文创新的评价方法

评价指标与评价方法通常是相适应的。白如江等（2015）认为，目前，学术论文评价方法分为以引文分析为基础的定量评价方法和以同行评议为主要内容的定性评价方法，具体包括：基于外在引用指标分析方法、基于网络分析方法、同行评议方法、替代计量学方法、基于论文内容评价方法、综合评价方法 6 种。刘盛博等（2016）认为，科技论文质量评价包括对论文质量的定性评价和定量评价。定性评价主要采用同行评议方法对论文的创新性、科学性、实用性等论文内部指标进行评价，目前生物医学领域的 F1000 评价系统在科技论文定性评价方面较具影响力。在定量评价方面，评价因素既包括论文基金资助、参考文献数量、合作规模等内部因素，又包括论文发表期刊的影响力、被引频次等外部因素。目前对于科技论文定量评价指标可分为单指标评价和综合指标评价两类。

除了以上的论文评价方法之外，在其他领域，尤其是期刊评价领域也有一些具体的评价方法值得借鉴。如张寅等（2010）使用简化区间数据主成分分析方法，从整体上研究各学科期刊的差异，说明学科之间的不可比较性，同时试图筛选出衡量期刊水平的关键指标，遴选优秀期刊。俞立平等（2010）将期刊评价指标分为影响力、时效性、期刊特征三个一级指标，将结构方程的路径系数标准化后作为二级指标的权重、专家主观赋权作为一级指标的权重，对我国医学期刊进行了评价。在原始计量数据的处理上，俞立平和武夷山（2011）通过对标准分和原始分的比较研究，提出用标准分进行期刊评价应该引起足够的重视。俞立平等（2012）将标准 TOPSIS 推广到其他幂次并分别进行评价，同时比较了不同评价结果的一致性、区分度、打分倾向、数据分布特点。王灵芝和俞立平（2012）分析了效用函数合成方法的特点，并以实证方式分析了各种合成方法在综合评价中的应用。靖飞和俞立平（2012）针对因子分析和主成分分析在期刊评价中存在的问题，提出了一种新的学术期刊评价方法——因子理想解法。李长玲和郭凤娇（2013）基于中心性分析中的点出度、特征向量、权利指数三种方法对 19 种图书情报学的核心期刊进行了评价。研究发现，权力指数的评价结果相对更合理、有效。陈振英（2011）在传统期刊评定的定量指标基础上，引入定性评价及基于事实数据的情报学评价方法——"同行趋向法"，作为一种创新评价方法通过统计学分析得到了可行性印证。南京大学叶继元教授（2010）认为，评价方法是指评价中使用的工具或手段，包括同行评议法（专家意见法、德尔斐法）、引文评价法、文摘评价法、加权求和评分法、指数加权求和评分法、混合评分法、系统分析评价法、模糊评价法、分层评价法、因果评价法、果因评价法、间接评价法、直接评价法等。这些方法又被概括成定量评价法、定性评价法和定性定量综合评价法。本书在研究过程中将根据实际情况选择适合的方法进行研究。

| 3 |
期刊论文创新评价的全评价

3.1 期刊论文的属性

在对期刊论文创新性进行评价时，实际上是要根据论文的信息来判断。一篇期刊论文可以分为三个阶段。第一阶段是作者撰写论文；第二阶段是论文经编辑部编辑及审稿专家审阅；第三阶段是论文发表之后。目前大部分的论文评价都是在论文发表之后的状态下对其进行评价。

当用户在利用中国知网的期刊论文数据库、Web of Science 等数据库，或者是利用百度学术、谷歌学术等搜索引擎检索相关文献时，是基于期刊论文的相关属性进行检索的。何星星和武夷山（2012）认为，一篇文献大致包含两类信息，内部信息和外部信息。内部信息是指自发表之日起作者或编辑赋予文章的属性，如发表时间、发表期刊、发表栏目、基金资助、文献类型、参考文献数等。外部信息是指文献发表后来自外部的各种反馈，包括引用、浏览、下载、评价、社会网络传播等。白如江等（2015）提及的期刊声望因素、作者声望因素和引文因素等内部因素和外部因素也是期刊论文的信息。本书将期刊论文的属性分为外部特征和内容特征两部分，这些特征也是期刊论文创新性评价时的出发点。

3.1.1　外部特征

论文的外部特征是指论文在写作、发表之后所形成的一系列反映其外在形式的特征。如期刊论文自身的外部特征包括论文的标题、作者及其相关信息、是否受资金资助、论文的长度（或字数）、参考文献信息、语种信息等。论文发表后就会增加发文的期刊、发表的时间、发表的栏目、被引等信息。当论文被数据库服务商"加工"之后就会产生收录信息、被引次数、下载次数、浏览次数等信息。在 Facebook（脸书）等类似网站会产生点击率、评论信息等。有的论文参加各类评奖时会产生获奖信息。外部信息相对客观，相关数据比较容易获取，围绕这些信息形成的评价指标也比较方便进行各类相关研究。这些信息在期刊论文创新性评价时，通常只能作为参考信息，单独依靠这些信息是无法准确评价其创新性的。

3.1.2　内部特征

内部特征是指可以反映论文研究内容的信息，如关键词、分类号、摘要、全文。关键词和分类号通常可以反映论文所在的领域、研究主题、研究范围、研究对象、研究方法等信息。摘要可以反映论文的研究目的、研究过程、研究方法和研究结论等信息，全文则是呈现整个论文全部的内容信息。

期刊论文的这些特征将成为本书直接或间接研究其创新性的研究视角或评价的指标。

3.2　期刊论文创新评价的六要素

3.2.1　评价主体

评价主体是指评价的实施者，也就是谁来评价。对于期刊论文的创新性，其评价者首先是作者，作者在论文撰写完成之后，对论文的创新性会有一个基本的判断。其对于论文的创新性在论文的摘要或正文一般会有一个比较明确的表述。第二类评价者是期刊编辑。他们依据自己的经验，或是借助于一些文献数据库或"查重"软件等方式进行判断，其评价结果会直接影响到论文是否请审稿专家外审。第三类评价者是审稿专家。他们通常对领域内的相关研究有较为深入的研究，他们对一篇论文是否具有创新性通常会有一个相对准确的评价。这个评价结果决定论文是否被采用。第四类评价者通常是领域内同行。他们在从事相关研究过程中，会对某个主题的论文进行认真阅读，产生浏览、下载等行为。如果论文有确有学术价值，他们有可能在撰写论文过程中引用该论文。此外，由于一些特殊情况，还会有一些其他评价者对论文进行评价。如研究者在职称评审、论文评奖等过程中，会有专门的专家来评价论文的学术水平和学术价值。

对于一篇论文，找到合适的评价者是非常重要的，有时也是非常困难的一件事。如笔者在参考国内某学术期刊的稿件送审工作中发现，期刊编辑部只是了解审稿专家的姓名、职称、所在机构、研究方向等信息，对于一篇新稿件，有时很难决定送给哪位专家审阅是最合理的。另外，不同的评价者由于其看论文的角度不同，每个人的知识结构存在差异，同一篇论文会有不同的评价结果，有时候评价者结论会完全相反。期刊论文在送审时，有实名评审和匿名评审两种形式。实名评审通常是指论文在被评价时，评价者是能够看到论文作者及作者所在机构等信息。作者及其所在机构的信息对于评价者在评审论文时有时会产生一些影响。譬如稿件的作者和论文评价者由于某种原因相识，如同学、师生、朋友等关系，这种信息会导致评价者偏向于对论文偏好的评价。如果稿件作者与论文评价者之间由于某种原因而形成了不良关系，就有可能导致评价者做出对论文偏差的评价。还有些评价者会因为作者系出名门或是来自草根而影响其对论文本身的评价。当然，随着一些专家数据库的构建和相关评审制度的不断完善，这方面的困扰会越来越少。匿名评审在一定程度上避免上面所涉及的情况，因此多数学术期刊会采用这种方式。在职称评审等过程中，有时也是匿名评审，但是只是隐去论文作者及其机构的信息，实际上意义不大。如果评价者想要了解作者的相关信息，只要把标题输入数据库或是搜索引擎，结果马上就能出来。

不论哪一类评价者，在其评价过程中，论文是否具有创新性、创新的程度如何，通常都是他们评价某篇论文的重点所在。俗话说，隔行如隔山。论文创新性评价是一项专业性很强的工作，它需要评价者能够尽可能全面地掌握与论文研究的相关成果的信息和知识。从理论上讲，所有的评价者都应该是在占有与被评价论文所有相关信息的基础上进行评价，但实际上每个评价者都无法全部拥有所有相关信息，因此论文的评价难免会产生一些不太理想的结果。

3.2.2 评价客体

期刊论文创新性评价的客体是期刊论文。笔者认为，期刊论文创新性评价的信息直接来源应该是标题、摘要、正文和参考文献。

如下面 3 篇论文都是有关单篇论文评价方面的论文。每篇论文中都出现了"单篇论文评价"这个概念。在对其论文创新性进行初步判断时，评价者考虑的角度就不同。评价第 1 篇时，首先要考虑有没有人研究首篇文章；如果有，那么从单篇论文评价的视角来研究就有可能是论文的创新之处。评价第 2 篇文章时，首先要考虑现在有哪些单篇论文评价坐标系；如何有本文所提出的这个评价体系就有可能是创新之处。评价第 3 篇论文时，首先要了解现有的单篇论文评价方法，然后再考虑 PaperRank 算法可能是这篇论文的创新之处。当然，这只是一个初步判断，还需要结合其他信息来综合判断。

（1）乔晓东，田瑞强，姚长青，等. 从单篇论文评价视角看学术期刊的首篇文章 [J]. 编辑学报，2014，26（4）：307 – 311.

（2）王贤文，方志超，王虹茵. 连续、动态和复合的单篇论文评价体系构建研究 [J]. 科学学与科学技术管理，2015，36（8）：37 – 48.

（3）郑美莺，梁飞豹，梁嘉熹. 单篇论文评价方法——Paper-Rank 算法 [J]. 科技与出版，2016（7）：94 – 98.

论文的信息相对而言，提供的较少。评价者接下来通常会再看摘要的内容。现在，很多学者期刊要求作者分为研究目的、研究方法或过程、研究结论等几个部分来撰写。如图书情报学领域的《图书情报工作》《情报杂志》等。

下面是刘万国等（2016）和沈丽宁（2017）的摘要部分。摘要当中对于方法/过程，结果/结论部分的内容是判断论文在研究方法和结论是否有创新的信息来源。英文摘要中的"Originality/Value"（原创性/价值）也是论文创新性判断的一个信息来源。第1篇文献摘要中"优质学术成果70.6%"这样的发现可能有重要的现实意义。第2篇论文摘要中的"And a newly appearing topic with great potential for further development, namely information seeking and information security, is identified."（一个新出现的且有进一步发展潜力的主题，即信息搜索和信息安全）这样的内容有可能是这篇论文有学术价值的发现。

摘要1

[目的/意义]通过对我国自然科学领域的最高奖"国家自然科学奖"获得者产出的论文及论文存在状况的调查研究，切实掌握自然科学领域影响力较大的学术成果的流失现状，从数字资源保存和数字资源安全角度探索学术成果流失的对策。[方法/过程]将对我国科学研究的学术成果不具有可用性和可持续性视为学术成果流失，采用文献计量法，对2015年度国家自然科学奖初评公示项目第一完成人近5年的科技论文产出进行统计，对其成果流失现状进行分析。[结果/结论]在当前和未来科学研究越来越全球化、国际化的趋势下，面对优质学术成果70.6%的流失率，需要从数字学术资源保存和安全角度确保我国科学研究的持续性，建立基于机构联盟的协同型学科知识库，创建数字学术资源保存联盟，通过顶层设计构建国家数字学术信息资源安全保障体系。

摘要2

Purpose

The purpose of this paper is to analyze the research status and outputs of information behavior in China in order to reveal its in-depth research pattern and trends.

Design/methodology/approach

The author collected literature during the past 29 years from China Academic Journal Network Publishing Database. Bibliometric analysis, including publication growth analysis, core authors and collaborative degree analysis, core journals analysis, and institutions distribution, was performed. The temporal visualization map of burst term was drawn, and the co-occurrence matrix of these keywords was analyzed by the hierarchical cluster analysis, strategic diagram, and social network analysis.

Findings

The earliest article on information behavior in China was published in 1987. And the number of articles has risen continually since then, which follows the logical growth law of literature. The collaborative degree of authors is on the rise in general. The distribution of these articles obeys the Bradford's Law of Scattering. School of Information Management of Wuhan University remarkably ranks the top in most publications. In all, ten important research directions were identified, which are in the imbalanced development. And a newly appearing topic with great potential for further development, namely information seeking and information security, is identified.

Originality/value

This study provides important insights into the research status and trends on information behavior in China, which might provide a potential guide for the future research.

引言通常是正文的第一部分内容，大部分研究会有引言部分通过对研究现状的综述，指出尚未解决的问题；如果论文拟解决这些尚未解决的问题，则其创新性强，而如果仅仅是重复前人的工作或验证前人成果的正确性，则论文的创新性不高。对于研究方法的创新或结论的创新需要通过进一步解读相关内容来判断。

参考文献也是评价论文创新性的重要信息来源。对于参考文献，首先应该关注的是其时间信息，如果作者引用的文献时间较早，要么是作者文献检索不到位，要么可能是一个比较新的研究领域，前期要相关研究比较。一般情况下，应该多引用最新研究成果，这样论文创新的基础相对比较可信。其次，现在的文献信息获取比较方便，参考文献中应该有一些外文文献，这样便于评价者或读者了解到国外的相关研究。当然，外文文献的引用一定要客观，不能为了引用而引用，也不能有而不引。最后，参考文献中除了特别相关的文献外，还要注重引用研究主题引领性期刊或其他文献的成果。如果重要文献缺失，那么论文的创新性会大打折扣。参考文献的信息虽然不是直接评价论文创新性的来源，但是它从研究基础的角度反映出论文创新的可能性和科学性，是论文创新性评价的参考依据。

3.2.3　评价目的

评价目的是指评价要达到的预期希望和总的原则要求，即评价的理由，为什么要评价。在论文发表之前，通常是通过评价来判断论文是否可能发表。论文发表之后的评价目的有多种情况。如通过论文的评价结果，对某个人、机构或国家的学术水平进行判断，进而影响到职称评审、项目评审、奖项评审等。本研究主要是围绕一定的论文集合，然后应用不同的评价指标和评价方法对论文进行评价和分析。其主要目的是为了帮助用户在从事相关研究的过程中如何对已经存在相关论文评价和分析，少数研究也围绕单篇论文的评价展开。

3.2.4　评价方法

本研究在对期刊论文创新性评价过程中将主要采用定量评价方法。在具体研究过程中将根据研究目的、研究对象和数据属性来选择合适的评价方法。整体而言，本研究一方面是基于传统的文献计量方法，选择被引频次等文献计量指标进行定量评价；另一方面，本研究将比较多地从共词网络、引证网络、文献耦合网络等网络视角，利用一些网络计量指标与方法进行相关的评价研究。在评价过程中坚持形式评价、内容评价和价值、效用评价。本书的形式评价主要以论文标题和参考文献为基础进行相关研究；内容评价是将内容分析方法和社会网络分析方法相结合进行相关研究；价值和效用评价主要是基于论文被引信息进行评价。

3.2.5　评价标准及指标

评价所谓评价标准是指人们在评价活动中应用于对象的价值尺度和界限。评价的客观性因素是评价标准具有科学性的重要依据。评价标准是评价活动的关键、核心部分，是人们价值认识的反映，它表明人们重视什么、忽视什么，具有引导被评价者的作用。评价标准的制定通过与评价目的有关，它是由评价目的所决定的。论文创新性的评价是一个相对概念，同样对其评价的标准也是一个相对的标准。本书评价的标准将根据特定的研究目的和研究对象及数据特点来确定适合的评价标准。评价指标是评价标准的细化，由于本书的评价标准是根据研究的实际情况来设定，所以评价指标也是根据评价标准的设定结果来选择。

叶继元教授认为，评价制度是有关部门制定的保证评价活动进行、要求有关人员共同遵守的规程，包括评价专家遴选制度、监督制度、评价对象申诉制度、评价结果公示制度、反馈制度、评价结果共享制度、第三方独立评价制度等。本书的研究主要是从微观层面探讨如何进行期刊论文创新性评价，关于评价制度的问题在本研究中不予涉及。

4

论文标题特征与论文创新

4.1 引　　言

标题是期刊论文非常重要的组成部分。一个好的标题通常既能够比较准确地反映论文的内容，也能非常有效地引起读者的关注。1998 年，爱思唯尔（Elsevier）对全世界 5000 名期刊读者的调查结果发现，每人每年全文阅读平均是 97 篇，文摘阅读平均是 204 篇，而标题阅读平均是 1142 篇。从这些调查数据可以发现标题的重要性。通过论文标题，读者可以快速对论文研究的内容有一个基本的了解。论文标题有时可以比较明显地反映论文的创新。

创新性高的论文通常可以获得较高的被引频次。当然，一篇论文的被引与很多因素有关，如研究主题的重要性、论文的创新性、论文的研究方法等内在因素，还包括论文的可获得性、期刊的声誉、论文的语言、作者的声誉等外在因素。那么，论文标题属性与论文被引之间有什么关系呢？很多学者在这方面做了相关研究。奈尔和吉贝特（Nair & Gibbert，2016）对这方面的研究成果进行了综述，并提出了一个论文标题属性与论文引用关系的综合模型。他们围绕论文标题的长度、字符、结构、范围和语言共 5 个属性提出了 5 个假设。他们以 5 种管理学的著名期刊为实证对象，最后结果表明，只有第 2 个假设成立；第 3 个假设部分成立；第 1、第 4 和第 5 个假设不成立。

4.1.1　论文标题长度与论文被引

这方面的研究有 3 种结论。第 1 种结论是，论文标题越长，其被引次数越多。如哈比巴扎德和亚多拉希（Habibzadeh & Yadollahie，2010）对医学和多学科期刊的论文标题研究；雅克和塞比尔（Jacques & Sebire，2010）对原始人类研究领域论文标题的研究。他们认为，论文标题越长，它能够提供给读者的信息更加丰富，更有利于用户理解论文的内容。第 2 种结论是，论文标题越短，其被引的次数越多。如派瓦等（Paiva et al.，2012）对公共图书馆和生物医学领域论文标题的研究；苏博蒂奇和慕克吉（Subotic & Mukherjee，2014）对心理学领域论文标题的研究；格内武赫和沃尔拉贝（Gnewuch & Wohlrabe，2017）对经济学领域论文标题的研究。他们认为，较短的论文标题能够更加准确、清晰地反映论文的内容，并且让读者易于理解和记忆。第 3 种结论是，论文标题长度与论文的被引次数之间没有关系。如奈尔和吉贝特（Nair & Gibbert，2016）对管理科学领域论文标题的研究；阿利莫拉迪等（Alimoradi et al.，2016）对 Web of Wcience 收录的 8 种著名学术期刊论文标题的研究。

4.1.2　含非数字和字母字符的标题与论文被引

在英文论文的标题当中，经常会出现冒号和问号等特殊字符。巴特和拉恩（Buter & Raan，2011）列出了 29 种特殊字符，排在前三位的是连字符、冒号和逗号。哈特利（Hartley，2007）对不同学科论文标题的比较发现，社会科学领域的论文中，冒号所占的比例较高。

这些特殊字符的出现是否也会影响到论文被引用呢？雅克和塞比尔（Jacques & Sebire，2010）研究发现，在普通医学领域的论文，标题中包括冒号的论文，其被引相对较多。哈特利（Hartley，2007）也发现，包括冒号的标题的论文被引相对较多。从林佳瑜（2012）的统计结果看，中文论文标题中包括冒号的论文被引也明显高于标题中不包括冒号的论文。迈克尔逊

（Michelson，1994）、派瓦等（Paiva et al.，1994）、贾迈利和尼扎德（Jamali & Nikzad，2011）研究发现，标题中包括问号、冒号等字符的论文，其被引却相对较少。

4.1.3 论文标题结构与论文被引

很多学者从不同角度探讨了论文标题结构。刘易森和哈特利（Lewison & Hartley，2005）、哈特利（Hartley，2005）把包括冒号的标题分为：短—长型、长—短型、平衡型3种类型，但没有对论文被引进行分析。贾迈利和尼扎德（Jamali & Nikzad，2011）把标题分为结论型、描述型和问题型3种类型。其中，问题型题目的论文下载量更多但引用率却相对较少。派瓦等（Paiva et al.，2012）把标题分为方法描述性和结果描述型两种类型。研究发现，结果描述型的论文被引较多。但从林佳瑜（2012）的统计结果看，描述型和结论型论文的平均被引差别很小，问题型的平均被引相对较高。

4.1.4 论文标题范围属性与论文被引

在一些论文标题中，作者把其研究内容限定一个特定的空间范围，如一个国家等。雅克和塞比尔（Jacques & Sebire，2010）、派瓦等（Paiva，2012）研究发现，标题中包含空间范围信息的论文，其被引较少。奈尔和吉贝特（Nair & Gibbert，2016）还考虑了标题中包含公司名称和行业名称。他们研究发现，标题中包含国家、公司和行业名称的论文对论文被引负面影响的假设并不成立。

4.1.5 标题语言属性与论文被引

雅克和塞比尔（Jacques & Sebire，2010）研究发现，在医学期刊上，标题中使用一些缩写的字符对论文被引有正面的影响。奈尔和吉贝特（Nair & Gibbert，2016）还考虑了标题中包含关谚语和隐喻等词汇与论文被引的关系。但最终研究发现，标题中包含缩写语等对论文被引有正面影响的假设也不成立。

本书以 *Journal of the Association for Information Science and Technology*（《信息科学与技术协会会刊》）和 *Scientometrics*（《科学计量学》）两种期刊为研究对象，从不同角度来探讨情报学领域发表的论文的标题属性与论文被引之间的关系。

4.2 数据和方法

4.2.1 数据

本书以 Web of Knowledge 为数据源，采集 *Journal of the Association for Information Science and Technology*（2014 年更名，以下简写为 *JASIST*）和 *Scientometrics* 在 1997 ~ 2013 年的论文数据，共计 5735 条。*JASIST* 在 1997 ~ 2000 年的期刊名称为 *Journal of the American Society for Information Science*；在 2001 ~ 2013 年的期刊名称为 *Journal of the American Society for Information Science and Technology*。*JASIST* 创刊于 1950 年，是美国信息科学技术学会会刊，是国外情报学领域最重要的学术期刊之一；*Scientometrics* 创刊于 1978 年，是科学计量学领域最重要的学术期刊之一。本书以这两种期刊为研究对象，有一定的代表性和权威性。

该数据集中当包括论文的标题、作者等信息，还同时采集了每篇论文的总计被引次和平均被引次数（截至 2017 年 2 月 15 日）。从图 4 - 1 看，*JASIST* 的发文量在 1997 ~ 2005 年和 2006 ~ 2013 年两个时间段都比较平稳。第 2 个阶段发文量有了一个较大的提升。*Scientometrics* 从 1997 年到 2013 年发文数量有一定的波动，但整体是一个上升的趋势，从 2011 年开始，每年的发文量超过了 *JASIST*。

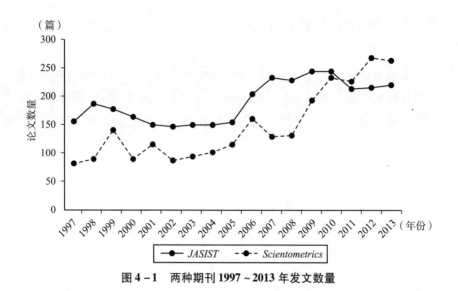

图 4 – 1　两种期刊 1997 ~ 2013 年发文数量

4.2.2　研究方法

参考奈尔和吉贝特（Nair & Gibbert，2016）的研究思路，本书预先提出 4 个假设。

1. 标题的长度越长，论文被引次数越多

从国外学者的研究看，标题长度统计时，格内武赫（Gnewuch，2017）只统计了单词数；富马尼等（Fumani et al.，2015）既统计了标题的字符数，也统计了标题的单词数；奈尔和吉贝特（Nair & Gibbert，2016）还统计了标题中的实词数等。本书对论文标题的字符数和单词数都进行统计，然后分别与论文的总被引进行分析。论文标题越长，有可能是研究者对相关研究从研究方法或研究视角等方面进行了限定，通常情况下可以为读者提供更加丰富的信息。虽然不利于读者记忆，但应该有利于读者对论文研究内容的理解。这样的论文有可能更能得到较多的引用。

2. 标题中包括冒号的论文，其被引次数较多

冒号在论文标题当中，通常起到对其分隔开内容的进一步解释的说明。

这类标题更有利于读者对论文研究内容有进一步的认识。如下面两个标题中，第一个标题冒号后面的内容说明了论文研究的视角；第二个标题冒号后面的内容则说明了"*CiteSpace Ⅱ*"的功能。读者结合前后两部分内容可以对论文研究的内容有更明确的了解。这样更有可能去阅读论文，论文被引用的概率也会提高。

（1）*Scientometrics and communication theory*：*Towards theoretically informed indicators*

（2）*CiteSpace* Ⅱ：*Detecting and visualizing emerging trends and transient patterns in scientific literature*

3. 标题结尾是问号的论文，其被引次数较多

问号通常用于疑问句、设问句和反问句结尾。在中文论文的标题中很少出现，但在英文论文中却可以经常见到。从布特和兰（Buter & Raan，2011）的统计结果看，国外期刊论文中，标题中包含特殊字符（包括问号）的论文的绝对数量在逐年上升，而相对数量保持稳定。奈尔和吉伯特（Nair & Gibbert，2016）认为，标题中存在的特殊字符对论文被引起到的作用是负面的。本研究假设标题中包括问号的论文更容易被引用。问号的使用可以反映出标题是一种"问题型"标题，它也能够反映出论文所要解决的问题，更容易引起读者的注意。

4. 高被引论文对作者有示范效应

莱奇福德等（Letchford et al.，2015）对20000篇高被引论文研究发现，论文标题长度越短，其被引次数越多。他们认为这与期刊编辑部对论文标题长度的限制有关；另外短标题论文更容易理解。研究人员会有意识关注高被引论文，并或多或少受到其影响，包括自觉或不自觉地仿效其写法。如果高被引论文样本中，长标题、冒号和问号标题较多，则假设成立。

4.3 数据分析

4.3.1 标题长度与论文被引

Science（《科学》）中样本标题的平均长度是 10.1 个单词，*Nature*（《自然》）中样本标题的平均长度是 9.85 个单词。从表 4-1 看，*JASIST* 单词数的均值是 10.1，与 *Science* 一致，而 *Scientometrics* 单词数的均值是 11.92，要多于 *JASIST*。*Scientometrics* 的均值、中值和众数都要大于 *JASIST*。这反映出，*Scientometric* 上发表的论文有标题的平均长度要略大于 *JASIST*。这可能与 *Scientometric* 的论文中会使用较多的专业术语有关，因此其标题长度相对较长；而 *JASIST* 综合性较强，涉及的研究范围比较宽泛，其论文标题的长度相对较短。

表 4-1 两种期刊标题字符数统计结果

统计量	总体	*JASIST*	*Scientometrics*
均值	79.74	74.5	86.47
中值	76	72	83
众数	75	13	74
标准差	33.301	32.084	33.633
方差	1108.967	1029.359	1131.174
偏度	0.564	0.541	0.59
峰度	0.707	0.754	0.643
极小值	5	5	7
极大值	263	228	263

从图 4-2 看，两种期刊论文标题字符数的频率呈现较为明显的正态分布。两种期刊论文标题字符数频次分布的信度非常接近，整体上都是左偏，

即标题字符数较短（小于平均值）的论文数量稍多一些。表 4 - 2 中 *JASIST* 的峰度要高于 *Scientometric*，这表明 *JASIST* 的论文标题字符数频次分布更为集中。比较图 4 - 2 和图 4 - 3 可以看出，论文标题字符数频次分布和单词频次分布趋势是一样的。其差异在于，论文标题单词数的数量上远低于字符数的数量。

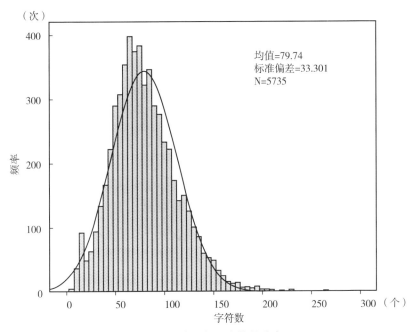

图 4 - 2　论文标题字符数分布

表 4 - 2　　　　　　　　两种期刊标题单词数统计结果

统计量	总体	*JASIST*	*Scientometrics*
均值	10.89	10.1	11.92
中值	10	10	11
众数	9	8	9
标准差	4.726	4.441	4.884
方差	22.337	19.722	23.852

续表

统计量	总体	*JASIST*	*Scientometrics*
偏度	0.747	0.751	0.71
峰度	1.13	1.284	0.965
极小值	1	1	1
极大值	38	35	38

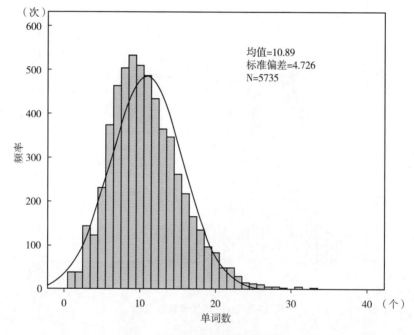

图4-3　论文标题单词数分布

通过 SPSS 的相关性分析功能发现，标题的字符数和单词数的 Pearson 相关性相关系数为 0.947，在置信度（双侧）为 0.01 时，相关性是显著的。这表明，尽管每个单词的字符数不同，但在大部分情况下，单词数越多，其对应的字符数越多。

图 4-4 是所有论文合计被引频次出现频率的分布曲线。该分布曲线整体呈现为一个负幂分布。当直接用论文长度（字符数或单词数）与论文被引进行相关性分析后发现，Spearman 相关系数为 0.190，两者几乎没有相关性。

另外，这些论文发表的时间不同，直接把论文长度与论文被引频次进行相关性分析也不合理。

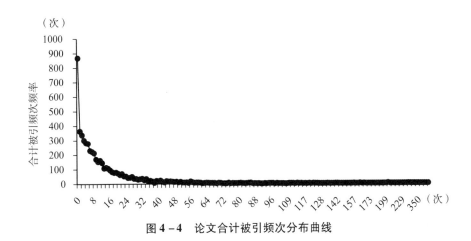

图 4 - 4　论文合计被引频次分布曲线

本书采取了另一种方法来研究论文标题长度与论文被引的关系。首先按字符数的平均值将论文分为两组：大于平均值的为长标题，小于平均值的为短标题。然后分别计算论文在不同时间段的平均被引频次（见表 4 - 3 和表 4 - 4）。

表 4 - 3　　　　　　　　　论文平均被引次数（字符分组）

出版年	C1	C2	C2 - C1
1997	13.87	17.20	3.33
1998	15.47	20.19	4.72
1999	10.23	21.60	11.37
2000	15.07	22.52	7.45
2001	18.69	23.76	5.07
2002	23.31	26.62	3.31
2003	18.03	25.70	7.67
2004	21.50	22.34	0.85

续表

出版年	C1	C2	C2 - C1
2005	18. 10	18. 70	0. 60
2006	23. 11	24. 30	1. 19
2007	19. 82	17. 45	- 2. 37
2008	17. 71	17. 37	- 0. 33
2009	14. 38	17. 37	2. 99
2010	13. 18	15. 33	2. 15
2011	11. 33	14. 51	3. 19
2012	9. 97	9. 83	- 0. 15
2013	5. 77	6. 73	0. 96

表 4 - 4　　　　　　　　　　论文平均被引次数（单词分组）

出版年	D1	D2	D2 - D1
1997	14. 65	15. 78	1. 13
1998	15. 57	19. 84	4. 27
1999	10. 19	21. 04	10. 85
2000	15. 43	21. 67	6. 24
2001	17. 94	24. 10	6. 17
2002	22. 67	27. 48	4. 81
2003	17. 45	26. 45	8. 99
2004	21. 25	22. 57	1. 32
2005	17. 31	19. 39	2. 08
2006	22. 75	24. 60	1. 85
2007	19. 13	18. 32	- 0. 82
2008	16. 46	18. 69	2. 23
2009	14. 17	17. 46	3. 29

出版年	D1	D2	D2 - D1
2010	13.12	15.34	2.22
2011	12.06	13.66	1.60
2012	10.18	9.67	- 0.51
2013	5.93	6.58	0.65

表 4 - 3 和表 4 - 4 中，C1 和 D1 是短标题论文的平均被引次数，C2 和 D2 是长标题论文的平均被引次数；C2 - C1 和 D2 - D1 是两个平均被引次的差。从表中数据看，表 4 - 3 中的 C2 - C1 有 3 个负数，表 4 - 4 中的 D2 - D1 有 2 个负数。如果单独从这个角度看，那么绝大多数情况下，长标题论文的平均被引次要高于短标题论文的平均被引次数。

另外，表 4 - 3 和表 4 - 4 中还出现一个一致的趋势。即 1997 ~ 2003 年表 4 - 3 中 C2 - C1 的值大于其平均值 3.06，而 2004 ~ 2013 年 C2 - C1 都小于平均值，C2 和 C1 的差别都比较小。表 4 - 4 中的数据也呈现出这样的特征。由此可以判断，对于发表时间较长的论文（1997 ~ 2003 年，被引截至 2016 年），其标题越长，被引的次数越多。而发表时间相对较短的论文，也大体表现为标题越长，被引的次数越多，但不是特别明显。从中也反映出，这方面的研究结论与数据的属性关联性比较强。这个观点是否具有普遍性，还需要更多的数据来进行验证。总体上看，本书的第 1 个假设成立。

4.3.2 标题中包括冒号的论文被引

从图 4 - 5 看，标题中包括冒号的论文的绝对数量逐年呈现上升的趋势，而且其数量增加趋势与标题中不包括冒号的论文数量的趋势比较相近。从图 4 - 6 看，标题中包括冒号的论文数量所占比例基本保持在 30% ~ 50% 之间，相对比较稳定。这个比例同哈特利（Hartley，2007）的研究是一致的。

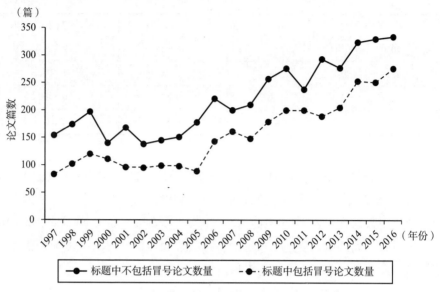

图 4 - 5　标题中不包括冒号和包括冒号的论文数量

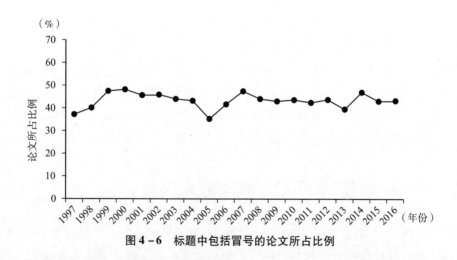

图 4 - 6　标题中包括冒号的论文所占比例

　　从图 4 - 7 看，标题中包括冒号和不包括冒号的论文的平均被引频次没有呈现出非常明显的特征。如果以平均被引次数的平均值 3.06 看，在 17 年当中，只有 5 年的数据表明标题中包括冒号和不包括冒号有较大差别。在 5 组数据中，有 3 组数据（1999 年、2000 年和 2003 年）是标题中包括冒号的论文的平均被引频次大于不包括冒号的。而另 2 组数据（1998 年和 2004 年）则是标题中包括冒号的论文的平均被引频次小于不包括冒号的。其他年份的数据则都小于平均值 3.06。

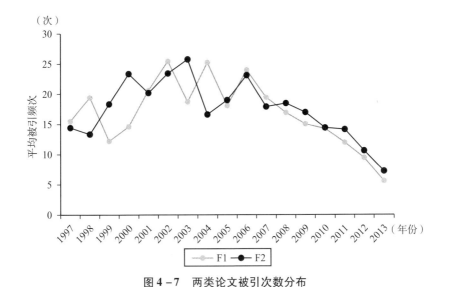

图 4 - 7　两类论文被引次数分布

注：F1 是标题中不包括冒号的论文的平均被引次数；F2 是标题中包括冒号的论文的平均被引次数。

如果从冒号对论文被引影响的显著性看，很难判断冒号在标题中出现，对论文被引的影响情况。只是在特定数据集范围之内来探讨两者的关系。总体看，本书的第 2 个假设不成立。

4.3.3　标题中包括问号的论文被引

从图 4 - 8 看，这两种期刊上标题当中包括问号的论文数量整体是一个不断上升的趋势。从图 4 - 9 看，其占总体论文的比例在 2% ~5% 之间。图 4 - 8 与图 4 - 5 相比，图 4 - 9 与图 4 - 6 相比，都可以发现，标题中包括问号的论文绝对数量和相对数量都远少于标题中包括问号论文的数量。

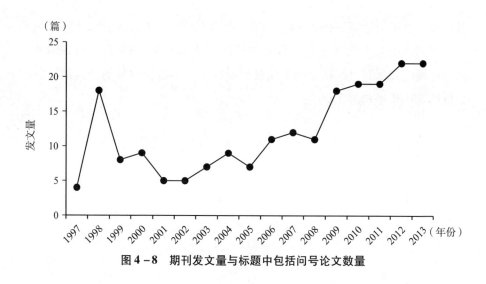

图 4 - 8　期刊发文量与标题中包括问号论文数量

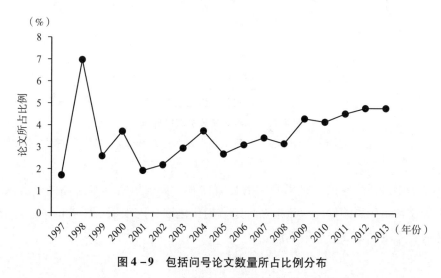

图 4 - 9　包括问号论文数量所占比例分布

从图 4 - 10 看，在 1997～2013 年，除 1999 年、2000 年、2001 年、2003年和 2009 年外，其他年份标题结尾是问号的论文其平均被引频次要高于不是问号的。

如果以平均被引次数的平均值为 12.6，在 17 年当中，只有 5 年的数据表明标题中包括问号和不包括问号有较大差别。这 5 组数据（1997 年、1998

年、2004 年、2005 年和 2006 年)，都是标题中包括问号的论文的平均被引频次大于不包括问号的，而且差别非常明显。

如果从冒号对论文被引影响的显著性看，标题中包括问号，则其被引的次数较多。这表明本书的第 3 个假设成立。

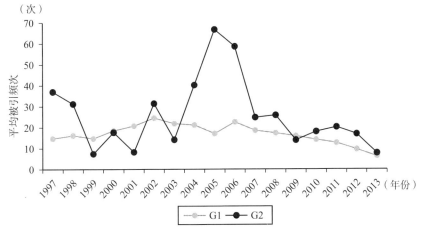

图 4 – 10　两类论文被引次数分布

注：G1 是标题中不包括问号的论文的平均被引次数；G2 是标题中包括问号的论文的平均被引次数。

4.3.4　高被引论文有示范效应

本书选取两种期刊 1997～2011 年 100 篇高被引文献（占总体的 2%）为实证对象。从统计结果看，100 篇高被引论文中，有 61 篇发表在 *JASIST* 上，有 39 篇发表在 *Scientometrics*，但都约占到各自论文总数的 2%。另外，2006年有 15 篇论文，2001 年 11 篇，最少的是 2011 年，只有 2 篇。

100 篇论文的标题的字符平均数为 75.56 个，单词个数平均为 10.72 个。这两个数据都稍低于全体数据集的平均值。进一步将 100 篇论文按标题的字符数平均值和单词数平均值统计后发现，标题字符数和单词数大于平均值的论文被引平均值都是 164.09 次；而小于平均值的论文平均被引分别是 197.69次和 195.1 次。从中可以看出，在 100 篇高被引论文中，标题长度短的论文，其被引次数较多。这与整体数据集的结果正好相反。这与莱奇福德等（Letchford et al.，2015）的研究结果相同。

100 篇论文中，有 40 篇论文的标题中包括冒号，这个比例（40%）与整体数据集的平均水平 39.89% 基本相同。高被引论文中，标题包括冒号的论文平均被引是 182.05 次，而不包括冒号的论文平均被引是 179 次。但这两个被引频次的差异非常小，仅占被引次数最少论文的 2%。综合以上两个依据，可以认为标题中是否包括冒号的高被引论文数量没有明显的差异。

100 篇论文中，只有 4 篇论文标题的结尾是问号，这个比例（4%）与整体数据集的平均水平 3.4% 也非常接近。高被引论文中标题中包括问号的 4 篇论文在高被引论文中的位次分别是第 20 位、第 36 位、第 49 位和第 63 位，其平均被引频次是 166 次，而标题中不包括问号的论文的平均被引是 182.35 次。综合两个方面的结果，可以认为标题中包括问号在论文被引方面没有明显的贡献。

综上所述，在 100 篇高被引论文中，标题长度较短其被引较多，冒号和问号对于论文被引没有明显的作用。如果高被引文献集合关于前述三个假说的特征与总体集合一致，就认为高被引文献具有示范效应；否则，就认为第 4 个假说不成立。现在的实证数据表明假设不成立，即没有示范效应。

4.4　研究结论

本节利用 *JASIST* 和 *Scientometrics* 两种期刊上发表的论文的标题信息及论文的被引数据验证了 4 个基本假设。从结果看，在这个数据集中，第 1 个和第 3 个假设成立，第 2 和第 4 个假设不成立。本书一方面分析论文标题特征与被引之间的关系，另一方面希望通过这项研究对于作者在论文标题优化的时候能有参考价值。标题是读者首先关注的一个部分，一个好的标题对传播作者的学术观点能起到非常重要的作用。

结合国内外学者的相关研究结果看，大多数的研究都说明了论文标题特征与其被引之间存在一定关系。但这些研究的结论有时却是矛盾的，如有的学者认为论文标题长度对论文被引有正面作用，有的学者认为有负面作用，这种结果的矛盾性是多方面原因造成的。如这些研究通常都是以某一学科领域期刊上发表的论文为研究对象，学科差异是影响研究结论的很重要的因素。其次，研究者选取的数据源、数据的数量、期刊的数量和种类等也都不一样。原始数据也是导致不同结论很重要的原因。最后，这些研究所采用的研究方法也存在差异。研究方法的局限性，也可能是造成结果不一致的原因。

| 5 |

论文平均引用时差与被引频次相关性分析

5.1 引　言

引文或参考文献是期刊论文的一个重要组成部分。被引频次是基于引文数据而产生的一个定量指标。它可以用于对论文、期刊、个人、机构或国家等对象进行评价。随着科学计量学相关理论与方法的不断推进，各类引文数据库资源的不断丰富，被引频次一直都在受到研究者的关注。这方面的研究可以分为：①被引频次与其他文献计量指标的关系。如高小强和赵星（2010）、李贺琼（2012）、田盛慧等（2015）、陆伟等（2016）研究了被引频次与 h 指数、下载频次、影响因子和自引率之间的相关性。②被引频次的影响因素。姜晓岗（2000）、苏芳荔（2011）、杨利军和万小渝（2012）、姜磊和林德明（2015）、王海涛等研究了引用习惯、参考文献、科研合作等对论文被引频次的影响。③被引频次的分布规律。如汪跃春和史新（2012）通过对不同学科和时间段的论文被引频次分布与布拉德文献分布曲线基本一致。④其他方面。王剑等（2014）、鲍玉芳和马建霞（2015）、肖学斌和柴艳菊（2016）、杜红平和王元地（2016）对论文的相关参数与被引频次、被引频次与引用认知相关性，科学论文被引频次预测、学术论文参考文献引用的科学化范式等问题进行了相关研究。

基于参考文献和论文的时间属性，何荣利和何萌（2004）提出了"引文时差"的概念。王元地等（2015）提出了"引用时滞"的概念。虽然表述不同，但从其对概念的界定看，表达的是同一个内容。本书将在此基础上，以期刊论文为研究对象，探讨论文引用时差与被引频次之间的关联性。

5.2 论文平均引用时差与论文被引频次

何荣利和何萌（2004）认为，所谓引文时差，是指引用文献出版年与被引用文献出版年之间的时间间隔。王元地等（2015）定义论文发表时间与其引文发表时间之差为"引用时滞"。何荣利和何萌（2004）为了能够从不同角度反映各学科的引文时差，在实证研究之前，还提出了最小引文时差、最大引文时差、平均引文时差、峰值时差和核心时差段共5个指标。本书的论文平均引用时差是指对于一篇论文而言，其他发表时间和参考文献的时间都是固定的，那么论文发表时间减去每篇参考文献的时间，然后求平均值，最终得到的数值为该论文的平均时差。这个计算方法与两篇论文的定义是一致的。论文被引频次是指论文发表之后，在某一固定时间点，从一个引文数据库中检索得到了总被引频次。

论文引用是一个非常复杂的问题，它与很多因素相关。马凤和武夷山（2019）的调查研究发现，引用是理性因素、社会因素、随机因素等多种因素共同作用的结果。邱均平等（2015）认为，引用行为作为一种信息行为，不仅受到内在动机的外在动机的影响，而且内在动机也会影响人们对外在动机的感知程度。杨思洛（2011）从引文分析存在着引文分析理论（基础理论和引用动机）的不完善；引用过程中存在的不足；引文分析方法、工具和数据库的缺陷；引文分析应用与实践（科学评价和科学交流）的局限四个方面分析了引文分析中存在的问题。

本书假设论文的平均引用时差与被引频次之间是负相关关系。即如果一篇论文的平均被引时差较短，那么其被引频次可能较高。平均引用时差较小，一般反映某篇论文引用的文献比较新，它也反映出作者能够及时跟踪相关领域的研究。如果平均时差较长，则表明其引用早期文献比较多。研究者引用早期文献是多种原因造成的。在每个领域都存在一些非常经典的文献，其发表（或出版）的时间已经较长，但其对后续相关研究仍然有参考价值，因此被作者所引用。如赫希（Hirsch，2005）提出 h 指数的那篇论文在相关研究中一直被大量引用。有的研究比较新，前期的相关研究成果较少，因此作者只能是以较早的文献为研究基础。还有的是由于作者在资源可获得性方面存在障碍或是文献信息检索能力较弱等因素，不能及时获取最新的学术成果。前面两种情况是不可避免的，对于后面的情况在科学研究过程中应尽量避免，以免进行重复性的科学研究。

5.3　数 据 来 源

从数据来源的准备性、权威性、可获得性及研究对象的典型性等因素综合考虑，本书以 Web of Science 为数据源，*Scientometrics* 和 *Journal of the American Society for Information Science*（1968～1999 年）、*Journal of the American Society for Information Science and Technology*（2000～2012 年）、*Journal of the Association for Information Science and Technology*（2013 年至今，以下简称为 *JASIST*）为检索词，时间范围是 1996～2016 年，最终分别检索到 3759 条和 3935 条记录。

本书只对论文类型为"article""proceedings paper""review"进行处理。最终处理的论文数量为 6360 篇，其中 *JASIST* 有 3005 篇，*Scientometrics* 有 3355 篇。图 5 - 1 为这两种期刊 1997～2016 年的论文数量分布情况。从图 5 - 1 可以看出，*JASIST* 在 2006 年之前，发文量在 125 篇以上；2006 年之后保持在 150 篇以上 218 篇以下，数量稳定在 180 篇左右。*Scientometrics* 首先在 2006 年年均论文数量突破了 100 篇，2010 年突破了 200 篇，2014 年突破了 300 篇，其论文数量增长较快。这些论文的参考文献数量一共有 241257 条记录，篇均引用文献数量为 32.2 篇。在参考文献数据处理过程中，有些参考文献没有获取年份信息，如"*TEKES, NAN WAY FUT NAN PROG; WARRIS C, NANOTECHNOLOGY BENCH"，这样的参考文献在最终统计时做了删除处理。最终处理的参考文献记录数量为 236037 条记录，*JASIST* 有 130274 条记录，篇均引用文献约 43.4 篇；*Scientometrics* 105763 条记录，篇均引用文献约 31.5 篇。

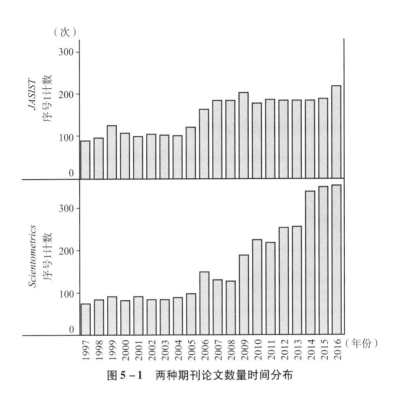

图 5 - 1　两种期刊论文数量时间分布

5.4　数　据　分　析

5.4.1　整体分析

从 Web of Science 获取的数据提供论文的两个被引频次：一个是全局被引频次（TC），反映的某篇论文被 Web of Science 收录期刊上发表的其他论文的引用次数；另一个是局部被引次数（LCS），它是被当前数据集中其他论文引用的次数。本书仅对全局被引频次和论文的平均被引时差之间的关系进行

分析。图 5－2 是两种期刊上发表的论文的总被引频次的平均值。从图 5－2
中可以看出，两种期刊的全局被引整体分布非常相似。早期的论文被引较多，
而最近几年发表的论文被引较少。近几年被引较少是由于引文时滞所造成的。
从图 5－2 中还可以发现，两种期刊每年的平均频次比较接近，被引较多的基
本都在 25 次以上。区别比较明显的是，*JASIST* 在 1997～2000 年的论文平均
被引次数要明显高于 *Scientometrics*。*Scientometrics* 在 1997～2000 年的论文平均
被引次数明显低于 2001～2006 年的论文被引频次，这反映出 *Scientometrics* 在
2000 年之前的成果的影响力相对较弱。

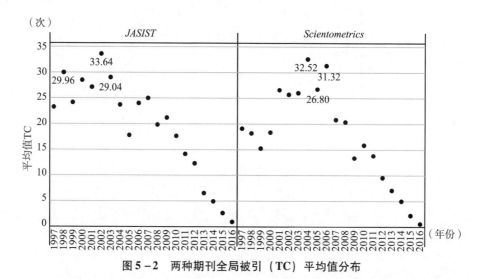

图 5－2　两种期刊全局被引（TC）平均值分布

　　从图 5－3 看，两种期刊的平均引用时差都在 9～13 年之间。不同的是，
Scientometrics 存在较为明显的波动趋势，1997～2001 年是一个上升的趋势，
即引用早期文献的数量较多；2001～2007 年是一个下降趋势，这段时间引用
近期的成果较多。2008 年开始整体又带呈现为一个上升的趋势。这种变化可
能与其发表论文的研究主题相关。*Scientometrics* 的研究主题相对集中，在一
段时间范围内不断有新成果出现，会导致其大量被引。当某些研究达到一个
瓶颈之后，可能研究者又会倾向于从早期研究成果中获得研究基础。*JASIST*
相对其综合性较强，其研究主题较为广泛，其研究者的引用行为较为稳定，
不会出现非常明显的波动。

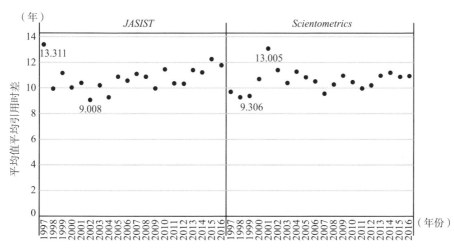

图 5-3 两种期刊平均引用时差逐年分布

图 5-4 和图 5-5 是两种期刊平均引用时差与被引频次相关分布的散点图。从两张图中的趋势线拟合效果看，平均引用时差与被引频次之间没有明显的相关性。对两种期刊从 1997 年到 2016 年年度论文平均被引时差与被引频次的相关分布与图 5-4 和图 5-5 类似。用相关系数计算时，相关系数都接近于 0，即表明它们之间不具有相关性。

从图 5-4 看，平均引用时差较小且平均被引频次较高的点多位于图的左上方；而平均引用时差较长且平均被引频次较高的点大多分布在右下部分，表明这些论文的平均被引次较低。当选取不同的被引频次范围时，也基本呈现这种状态。图 5-4 最右边的部分是一些高被引论文（论文的总被引频次在200 次以上，一共有 27 篇。被引频次 100 次以上的论文有 113 篇，其分布情况与 200 次以上的一致），从图 5-4 中可以看出，趋势线比前面部分更加倾斜，表明两者的负相关关系更加明显。

图 5-5 选择了不同平均引用时差时，其前面两部分的分布与图 5-4 相同，即平均引用时差较小且平均被引频次较高的点多位于图的左上方；而平均引用时差较长且平均被引频次较高的点大多分布在右下部分。但图 5-5 最右边的部分却呈现出不同的状态。JASIST 的趋势线基本是平的，这表明其论文的平均引用时差与其被引频次之间没有相关关系。而 Scientometrics 的趋势

线却呈现较为明显的上升状态。这表明平均引用时差较长的论文中，其被引频次却相对较高，是一个正相关关系。

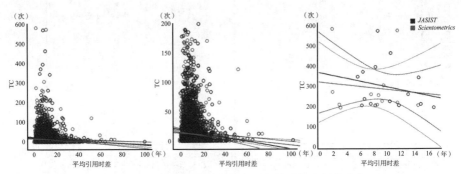

图5－4　两种期刊平均引用时差与被引频次相关分布

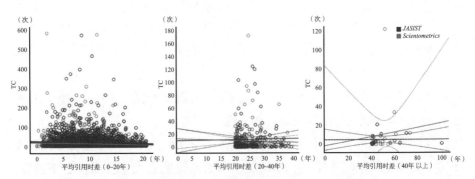

图5－5　两种期刊平均引用时差与被引频次相关分布
（0～20年，20～40年，40年以上）

　　结合表5－1和表5－2看，两种期刊上发表的论文数量呈现一个中间多两头少的分布。两种期刊平均引用时差5～10年和10～15年占到70%以上。平均引用时差在0～3年的论文平均被引频次较高；而且平均时差越短，其论文的平均被引频次较高。这个结论与王元地等（2015）以《科研管理》的实证结果相同。付中静（2017）研究发现，Web of Science数据库中的科学领域引文时间窗口越长，论文总被引频次和总使用次数越高，最近180天内学者们更倾向于使用较新的文献，高使用次数预示着一定时期后的高被引。尽管学科不同，但研究者倾向于使用较新文献应该是一个有普遍意义的趋势，这也会导致较新的文献更容易被引用。

表 5 - 1   *JASIST*

平均引用时差（年）	所占比例（%）	平均被引频次（次）
[0, 3]	2.16	24.45
(3, 5]	7.75	20.42
(5, 10]	40.88	18.72
(10, 15]	33.83	16.48
(15, 20]	10.01	13.42
(20, 100.19]	5.36	11.6

表 5 - 2   *Scientometrics*

平均引用时差（年）	所占比例（%）	平均被引频次（次）
[0, 3]	3.49	27.73
(3, 5]	8.88	15.56
(5, 10]	42.56	13.43
(10, 15]	28.61	11.92
(15, 20]	10.31	10.05
(20, 72.97]	6.14	9.96

5.4.2 最大引文时差和最小引文时差分析

论文的最大引文时差是指某篇论文引用的文献中，最早的文献的时间减去论文发表的时间。这个数值有时会对论文的引用时差产生特别大的影响。论文 *Scientometrics* 的最小值为 4 年，最大值为 303 年，博科夫（Bochove，2013）引用了一篇 1662 年的文献。*JASIST* 的最大值为 486 年，魏因贝格（Weinberg，2010）引用是一篇 1511 年的文献。两种期刊引用时差最大值超过 100 年的论文有 255 篇，其中，*JASIST* 有 143 篇，*Scientometrics* 有 112 篇。最大值小于等 10 年的只有 400 条记录，占总体的 6%；小于等于 20 年大于

10 年的有 908 条，占总体的 15%。有 79% 的论文都引用了 20 年以上的文献，这反映出在这两种期刊上发表论文的研究者对早期的文献比较关注。在 236038 条参考文献记录当中，有 37177 条记录的引用时差是在 20 年及以上，占总体 16%；20 年以下大于等于 10 年以上的有 54985 条，占总体的 23%；10 年以下大于等于 5 年的有 67698 条记录，约占总体的 29%；5 年以下的有 76178 条记录，约占总体的 32%。从这些数字可以看出，约 61% 的参考文献还是在 10 年以下。这表明研究者还是更注重引用较新的文献。随着时间的推移，新出现的文献数量越来越多，被引用的概率也相对较大。从图 5-6 的论文分布也可以得到同样的结论。

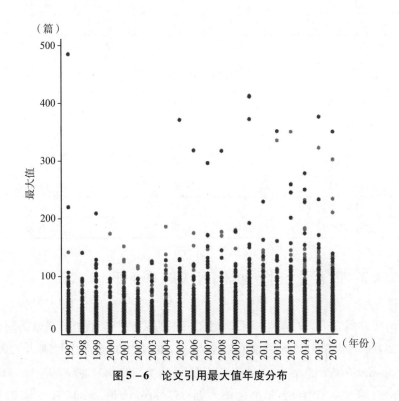

图 5-6　论文引用最大值年度分布

引用时间最小值为 0 的论文是指论文引用了当年发表或出版的文献，反映了研究者对最新研究成果的跟踪情况。两种期刊包含最小值引用时间为 0 的论文共有 1286 篇。其中，*Scientometric* 有 749 篇，*JASIST* 有 537 篇。从统计结果看，在 1999 年、2001 年、2002 年、2007 年、2008 年、2009 年、2010 年和 2011 年，*Scientometrics* 引用时间最小值为 0 的论文篇数低于 *JASIST*（见图 5 - 7），在另外 12 个年份里，都高于 *JASIST*。*JASIST* 引用时差在 3 年及以下的有 29801 篇，约占总体的 22.9%；*Scientometrics* 引用时差在 3 年及以下的有 27781 篇，约占总体的 26.2%。从这个角度看，*Scientometrics* 上发表的论文在引用较新文献的比例略高于 *JASIST*。

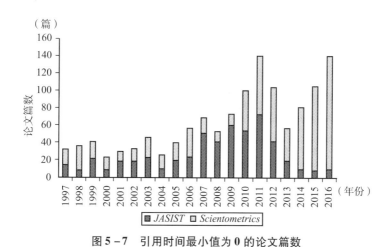

图 5 - 7　引用时间最小值为 0 的论文篇数

5.4.3　论文合作与论文平均被引时差和平均被引频次的关系

在 6360 篇论文中，有 4607 篇论文是合作论文，约占总体的 72.4%。*JASIST* 的合作论文比例为 74.2%，略高于 *Scientometrics* 的 70.5%。从年度数据看，两种期刊上的合作论文数量都呈现一个不断上升的趋势。

从统计结果看，*JASIST* 上单作者论文的平均引用时差为 12.15 年，两个及以上的合作论文的平均引用时差为 10.17 年；*Scientometrics* 单作者论文的平均引用时差为 11.17 年，两个及以上的合作论文的平均引用时差为 10.38 年。从图 5 - 8 看，1997 ~ 2016 年，*JASIST* 单作者的论文平均引用时差的平均值要略高于多作者的论文平均引用时差，而且这个状况基本保持不变，尽管有些年份差别较小，如 2003 年等。

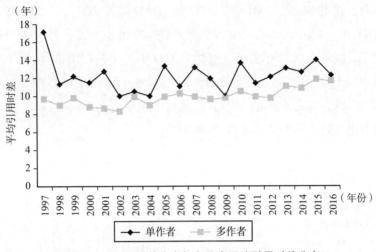

图 5 – 8   *JASIST* 单作者与多作者平均引用时差分布

Scientometrics 单作者的论文平均引用时差的平均值在 2007 年等 7 个年份，其中有 6 个年份是在 2007 年以后。这表明，在 1997~2006 年的 10 年间，单作者的论文平均引用时差的平均值要略高于多作者的论文平均引用时差；而在 2007~2016 年的 10 年间，有 6 年的情况正好相反。从图 5 – 9 中还可以发现，除 2001 年等 4 个年份外，其余年份的差别都非常小，基本在 1 年以内。

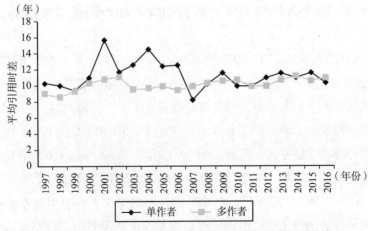

图 5 – 9   *Scientometrics* 单作者与多作者平均引用时差分布

如果把两种期刊的绝对数据综合看，单作者的论文平均引用时差的平均值要略高于多作者的论文平均引用时差，即科研合作有利于论文引用较新的文献。从图5–10和图5–11来看，两种期刊单作者和多作者对论文平均被引频次的影响也呈现同样的结果。即 *JASIST* 的多作者论文的平均被引频次整体上高于单作者。*Scientometrics* 除2004年和2006年是单作者论文的平均被引频次整体上明显高于多作者，其他年份的差别很少。这表明论文是否合作对其平均被频次的影响较小。从上面的分析可以发现，在研究论文合作是否会对平均引用时差或平均被引频次产生影响时，非常依赖于数据。如果数据集不同，结论也会存在差异。

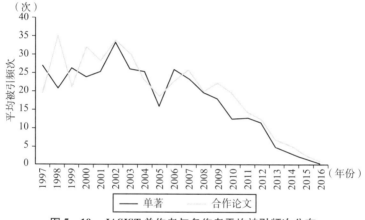

图5–10　*JASIST* 单作者与多作者平均被引频次分布

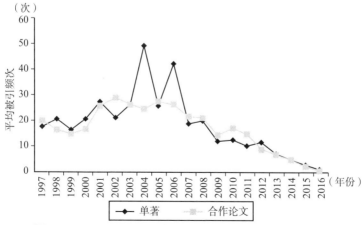

图5–11　*Scientometrics* 单作者与多作者平均被引频次分布

5.4.4 参考文献数量与论文平均被引时差和平均被引频次的关系

姜磊和林德明（2015）在研究天文学、物理化学和经济学三个学科领域的参考文献数量与论文被引频次的相互作用关系时发现，当参考文献数量较少的时候，与被引频次呈现出正相关影响；当参考文献数量较多的时候呈现出负相关影响。肖学斌和柴艳菊（2016）在研究 Web of Science（WoS）的工程（engineering）和机械（mechanical）两个学科的文献时发现，参考文献数量对文献的被引频次有正相关影响。从图 5 – 12 看，*JASIST* 总被引频次与参考文献数量散点图的拟合曲线呈现小幅向上的状态，这在一定程度上反映出两者有一定的正相关关系。孙书军和朱全娥（2010）认为，参考文献越多，在研究时用于查找、阅读、学习所花费的时间越长，掌握的资料和理论更全面、更准确，层次更深，得出的结论更可靠，因而论文质量更高，被引用的可能性越大。但从图 5 – 13 看，*Scientometrics* 散点图中的趋势线是小幅向下的，即两者之间表现为负相关关系。由此可以看出，参考文献数量与论文被引频次之间是否具有相关关系需要结合具体数据来分析，它们之间的相关关

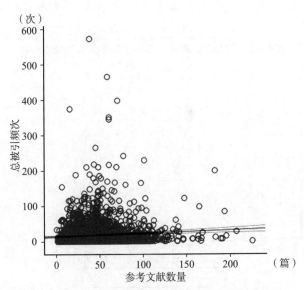

图 5 – 12　*JASIST* 总被引频次与参考文献数量分布

系并不是在所有情况下都具有相关性。从图 5 - 14 和图 5 - 15 看，两种期刊参考文献的数量与论文平均被引时差之间呈现出较强的正相关关系，即参考文献数量越多，其平均引用时差也越长。

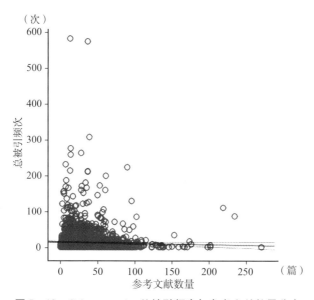

图 5 - 13 *Scientometrics* 总被引频次与参考文献数量分布

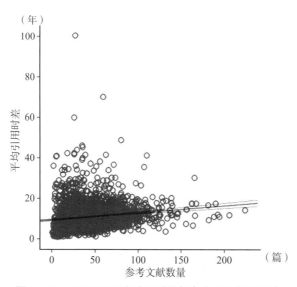

图 5 - 14 *JASIST* 平均引用时差与参考文献数量分布

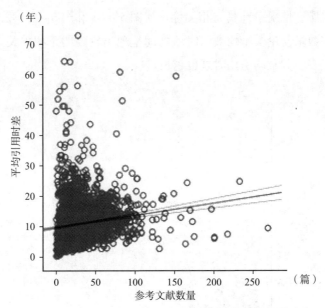

图 5 – 15 *Scientometrics* 平均引用时差与参考文献数量分布

5.5 结 论

本研究在对论文平均引用时差界定的基础上，以 *JASIST* 和 *Scientometrics* 两种期刊为实证对象，研究了论文平均引用时差与论文总被引频次之间的关系。从研究结果看，在整体上分析时，两者有一定的正相关关系，但是具体到某篇论文个体比较时，它们之间是否具有相关关系并不能确定。论文合作和参考文献数量与论文平均引用时差和总被引频次之间可能存在一定的相关关系，但这种结论与具体的数据集关系非常相关。以 *JASIST* 和 *Scientometrics* 来看，*JASIST* 的数据在大部分情况下差异性比较明显，如其论文合作对论文平均引用时差和被引频次影响比较明显，而 *Scientometrics* 的数据显著性要相对较弱。由于作者引用动机等因素，导致文献引用是一个非常复杂的问题。平均引用时差只是一个较为客观反映论文引用文献时间属性的一个指标，在应用过程中要具体问题具体分析。

6

基于突发词的期刊论文创新分析

6.1 引　　言

突发监测（burst detection）算法是克莱因伯格（Kleinberg）于 2002 年提出的。它主要关注焦点词，即相对增长率突然增加的词。魏晓俊（2007）在介绍克莱因伯格突发词监测方法的基础上，分析了其优缺点。他认为，突发词监测与高频词词频不同，前者主要是从关注词自身的发展变化出发，关注单个词发展的阶段性，而后者主要是对领域中各个词的增长势头进行比较。陈超美（2009）认为，新兴的处于上升阶段的焦点词更能揭示学科的前沿问题，可以采用克莱因伯格的突发算法来进行识别，并在 CiteSpace 软件中加入了该项功能。赵智慧（2013）、郑乐丹（2013）、洪海娟和万跃华（2014）在对文化遗产数字化、数字图书馆和数字鸿沟领域的研究过程中，都是利用了 CiteSpace 的突发词识别功能，对某领域的研究前沿进行了分析。张英杰和冷伏海（2012）研究发现，基于 CiteSpace 突发词的图谱探测等三种方法，从不同的侧面体现了科学前沿探测中所关注的重点内容，但在尚未形成明确研究任务的前沿领域、交互融合不明显的跨学科主题，其适用性还有待探索。伯尔纳等（Borner，2004）以 *Proceedings of the National Academy of Sciences*（*PNAS*，《美国科学院院报》）为研究对象，利用突发词检测算法、共词分析方法和图像展示技术分析研究了 *PNAS* 1981～2001 年的研究主题和实词。王孝宁等（2009）将突发监测算法应用于共词聚类分析过程当中，并提出了将突发词检测与高频词分析相结合以揭示信息科学的发展。近年来，突发词检测的研究在微博领域的研究得到了较多的应用。如王勇等（2013）、赵洁等（2015）、张晓霞等（2015）、张雄宝等（2017）都是通过突发词方法来检测微博的突发事件。综上所述，突发词检测已经形成了一些较为成熟的方法和工具，其应用的领域也较为广泛。

本章将在探讨期刊论文创新与突发词关系的基础上，利用 CiteSpace 的突发词检测功能对期刊论文的创新进行研究，为研究者在研究选题创新方面提供参考。

6.2　期刊论文创新与突发词

创新性是期刊论文应该具备的重要特征之一。陈建青（2013）从论文的内容和形式，从学术理论的原始创新、论文创新程度、创新所涉及内容等角度梳理学术论文创新性的含义，并提出了学术期刊应如何评判学术论文的创新性的三种方法。盛杰（2011）、徐书荣（2014）提出了期刊编辑在评价期刊论文创新过程中可以采取的具体做法。但由于期刊论文的专业性很强，其创新性评价通过是由审稿专家来完成。审稿专家在评价期刊论文创新性时，通过是以自己的知识积累为基础，结合数据库的文献检索来对论文创新性进行判断。论文作者在论文撰写过程中，对其论文创新性的把握通常是在占有大量相关文献的基础上，在理论、论文或数据等方面寻求创新。

科学研究是一个动态的过程，不断会有新的研究主题出现。新主题的出现通常会伴随新的专业术语出现。突发词监测法更注重的是研究领域内，研究活跃、有潜在影响研究热点的因素，因此，突发词监测有助于发现推动学科（或主题）研究发展中的微观因素。笔者认为，突发词可以成为研究者、期刊编辑或审稿专家评价期刊论文是否具有创新性的一个重要途径。

6.3 数据来源和数据处理工具

6.3.1 数据来源

Scientometrics 是科学计量学国际权威学术期刊。*Journal of the Association for Information Science and Technology* 是美国信息科学与技术协会的会刊。本书选择这两种期刊进行研究，有一定的权威性和代表性。以 Web of Science 为数据源，*Scientometrics* 和 *Journal of the American Society for Information Science* （1968 ~ 1999 年）、*Journal of the American Society for Information Science and Technology* （2000 ~ 2012 年）、*Journal of the Association for Information Science and Technology* （2013 年至今，以下简称为 *JASIST*） 为检索词，时间范围是 1996 ~ 2016 年，最终分别检索到 3759 条和 3935 条记录。

6.3.2 数据处理工具

CiteSpace 是由美国德雷赛尔大学计算机与情报学学院的陈超美教授开发的一款着眼于分析科学文献的可视化软件。其具有功能强大、操作简便、免费使用等特点。该软件中嵌入了克莱因伯格（Kleinberg）的突发检测算法，为用户发现突发词、突发文献等带来了便利，本书利用 CiteSpace 为数据处理工具。

首先将检索到的两种期刊的原始数据分别导入 CiteSpace 之后，对其进行以下设定。

Time Sclicing：1996 ~ 2016 年；#Year Per Slice：1；

Node types：keyword；

election Criteria：Select top 100 levels of most cited or occurred items

from each slice

然后，利用其实发词检测功能，得到两种期刊从 1996 年到 2016 年的突发词。其中 *JASIST* 的突发词 107 个；*Scientometrics* 的突发词 91 个，具体结果见本书附录。

6.4 数据分析

6.4.1 时间属性

CiteSpace 可以提供突发词的开始和结束时间。从图 6-1 看，从 1996 年到 2014 年，*JASIST* 除 2004 年外，其他年份都有突发词出现，年平均出现约 5.63 个。*Scientometrics* 则每年都有突发词出现，年均出现约 4.79 个。年均突发词的数量一定程度上与论文数量有关。另外，从图 6-1 还可以看出，整体上，2008 年前的突发词个数较少，而 2008 年之后突发词个数较多。这也与论文数量的多少有较大关系。另外，2008 年之前，*Scientometrics* 的突发词数量相对较多；2008 年之后，*JASIST* 的突发词较多，尤其是在 2012 年出现了一个最大值 20 个。

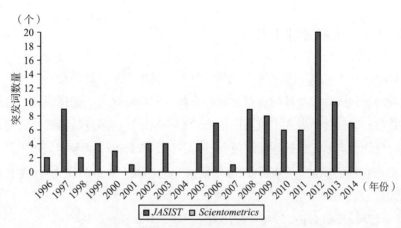

图 6-1 两种期刊突发词开始出现时间分布

从图 6-2 看，两种期刊上的突发词的持续时间分布在整体上有一定相似性，即持续时间较长的突发词数量较少，持续时间较短的突发词数量较多。*JASIST* 的突发词持续时间在 5 年及以下的，占总体的 88%；*Scientometrics* 的实发词持续时间在 5 年及以下的占总体的 69%。持续时间在 8 年以上的突发

词在 *Scientometrics* 上较多，其中"multiple authorship"从 1997 年到 2011 年，持续时间达到了 14 年。*JASIST* 突发词持续时间最长的是"database"，达到了 12 年。*JASIST* 突发词持续时间最多的是 4 年，有 25 个突发词；*Scientometrics* 持续时间最多的是 2 年，有 23 个突发词。

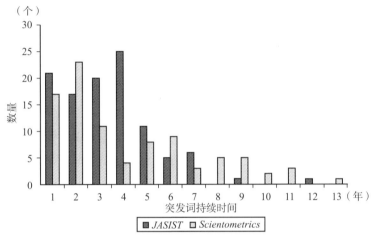

图 6 – 2 两种期刊突发词持续时间分布

突发词是基于历史数据的检测结果。对于研究者论文选题的创新而言，需要关注的是出现时间最新的那些词。当然，突发词不是最新出现的词，而是增长变化率较大的词。如 *JASIST* 和 *Scientometrics* 时间上最近的突发词是 2014 年。

JASIST 在 2014 年出现的突发词是"context"（上下文）、"community"（社区）、"metrics"（价值）、"citation impact"（引用影响）、"machine learning"（机器学习）、"credibility"（可靠性）、"user study"（学习用户）。*Scientometrics* 在 2014 年出现的突发词是"open access"（开放存取）、"trend"（趋势）、"publication productivity"（出版）、"co authorship network"（作者合作网络）、"social network analysis"（社会网络分析）、"metrics"（价值）、"collaboration network"（合作网络）、"altmetrics"（替代计量学）、"India"（印度）、"policy"（政策）、"China"（中国）。这些词当中，有一些词义太泛泛，或者是太通用，单独一个词的信息，对研究者意义不大，如"metrics""trend""India"

"China"。有些词还是能够比较准确地反映一些该期刊所关注的一些比较新的研究领域，如"context""machine learning""altmetrics"等。因此，利用CiteSpace 得到的突发词，只是给研究者提供了一个选择的参考，而不是唯一的结果。

6.4.2 突发强度（strength）

突发词监测热点认为，增长势头不断加强的词是大家越来越关注的，它正在聚集越来越多的力量，在揭示科技发展上更具及时性，虽然它还未达到词频阈值的要求，但是未来的发展势头好，这些词有可能是低频词但却具有情报意义。从图6-3看，"citation analysis"的频次从2011年的3次和2012年的17次相比，2014年的7次和2015的15次相比，其出现频次有一个比较大的增加。同样，bibliometrics 在2012～2016年也呈现出同样的状态。它们的出现频次同时在2014年有一个比较大的下降，而后又有一个快速上升。一般情况下，这种词的频次的突然较大幅度的增加，通常是该领域的研究在理论基础或研究方法等方面有一些比较大的突破。这反映出从2012年到2016年，这两个领域的研究可能会有一些比较重要的创新性论文出现。"citation impact"和"medical literature"的突发强度比较小。"medical literature"的突发时间窗口为1997～2001年，其频到变化是由0～2次；"citation impact"的突发时间窗口为2014～2016年，其频次变化是0～3次。从中可以看出，突发强度的大小代表了突发词频次变化程度，同时也在一定程度上反映该领域的研究成果的数量变化，这种变化往往与论文关注的研究领域是否有创新有一定的关系。

如果想具体了解相关的论文，可以通过软件直接查看相关论文信息（见图6-4）。从图中可以看出，包含"citation analysis"的记录一共有99条记录。图6-5标题中包含"citation analysis"的论文数量分布，一共有201条记录。图6-6是作者关键词中包含"citation analysis"的论文数量分布情况。从中可以发现，当信息来源不同时，对词的统计结果会存在一定差异。CiteSpace 的处理结果界于标题和作者关键词之间，其关键词来源应该还包括机标关键词在内。

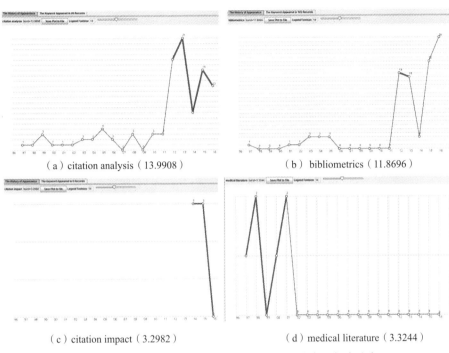

（a）citation analysis（13.9908）　　　（b）bibliometrics（11.8696）

（c）citation impact（3.2982）　　　（d）medical literature（3.3244）

图 6 - 3　"citation analysis" 等 4 个突发词的出现频次分布

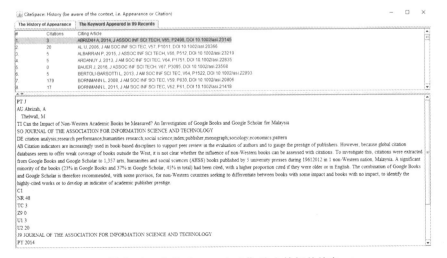

图 6 - 4　"citation analysis" 论文的相关信息

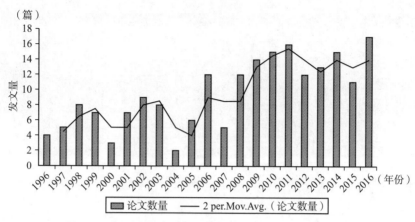

图 6 – 5   标题中包含论文"**citation analysis**"的数量分布

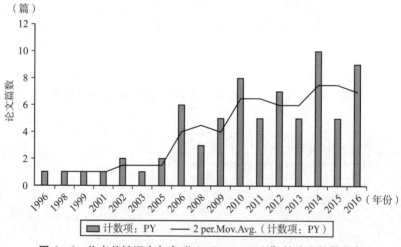

图 6 – 6   作者关键词中包含"**citation analysis**"的论文数量分布

6.4.3   同时出现的突发词

从统计结果看，两种期刊上共同出现的突发词有 21 个，占总体的 12%。从这个角度可以看出两种期刊的发文主题的差异较大。从实际情况看，*JASIST* 是面向信息科学领域，作者研究的主题较广；*Scientometrics* 则主要是集中于科学计量学领域，作者研究的主题相对集中。从表 6 – 1 看，尽管这些词作为突发词同时出现在两种期刊，但是其开始时间、突发强度、持续时间等属性都不相同。如 co citation 先是在 *JASIST* 上成为突发词，而在 *Scientometrics* 无论是开始时间，还是结束时间都要晚一些。这表明 *JASIST* 有关 "co citation"（共被引分析）主题的论文率先大量出现，3 年后，*Scientometrics* 才大量出现该主题的相关论文。"collaboration"（合作）方面的论文在 1997 年到 2000 年大量出现，而 *JASIST* 该主题的论文则是从 2011 年开始，一直持续到 2016 年。这种情况的出现，可能是由于该领域的研究有了一些新的研究方法或研究视角，也可能是由于外部环境激发了这方面的研究兴趣。

表 6 – 1   部分同时出现的突发词

关键词	突发强度	开始年份	结束年份	1996 ~ 2016 年	期刊来源
co citation	5.0249	1996	2001		*JASIST*
co citation	3.172	1999	2003		*Scientometrics*
collaboration	4.4904	2011	2016		*JASIST*
collaboration	4.9199	1997	2000		*Scientometrics*
database	5.1029	1996	2008		*JASIST*
database	3.113	2008	2010		*Scientometrics*
evaluation	6.6921	2013	2016		*JASIST*
evaluation	5.0796	2011	2012		*Scientometrics*
exploration	3.7417	2006	2009		*JASIST*
exploration	4.2711	2006	2011		*Scientometrics*

6.4.4　聚类结果分析

CiteSpace 可以自动对突发词及与其共现的词进行聚类。从聚类结果看，*JASIST* 的突发词分属于 13 个聚类，共有关键词 1171 个；*Scientometrics* 的突发词属于 8 个聚类，共有关键 388 个。这也从另一个侧面反映出 *JASIST* 上发表的论文研究主题较为广泛，而 *Scientometrics* 上发表的论文研究主题较为集中。

表 6 - 2 列出了两种期刊突发词数量最多的 3 个聚类。

表 6 - 2　　　　　　　　　　　　突发词部分聚类结果

聚类主题	关键词
Scientometrics 聚类 1（科学计量指标、开放存取、研究绩效、科研产出）	research performance、journal、department、Latin America、scientist、behavioral science、coverage、h-index、hirsch index、publication productivity、gender、research assessment exercise、open access、evaluation、term、scientific research、altmetrics、metrics
Scientometrics 聚类 2（科技文献、基础研究、专利、共引等）	technology、scientific literature、obsolescence、basic research、statistics、cocitation、knowledge、triple helix、linkage、patent、exploration、United States、India、biotechnology、policy、nanoscience、China、world、Korea、patent citation、science and technology、emergence、Taiwan、patent analysis、South Korea、diffusion
Scientometrics 聚类 3（科学合作、知识扩散）	science、co citation、pattern、country、collaboration、multiple authorship、profile、field、cooperation、women、Europe、knowledge diffusion、co-authorship、social network analysis、co authorship network
JASIST 聚类 1（科学计量学）	pattern、information science、indicator、bibliometrics、citation analysis、scientific journal、collaboration、interdisciplinarity、scientometrics、index、impact、scientific literature、author cocitation analysis、article、webometrics、link、field、dynamics、site、metrics、humanity、research performance、informetrics、intelligence、google scholar、hirsch index、h-index、journal impact factor、bibliometric indicator、co authorship、quantitative research、scholarly publishing、evaluation、citation impact
JASIST 聚类 2（信息检索）	retrieval、database、judgment、text retrieval、strategy、feedback、relevance、hypertext、online catalog、world wide web、seeking behavior、find、task、science library catalog、criteria、perspective、school student、engine、research project、document use、context、exploration、log、of the literature、information use、image retrieval

聚类主题	关键词
JASIST 聚类 3（文档检索、知识管理、信息技术、虚拟社区、创新、个体差异、社会网络等）	computer mediated communication、decision making、community、innovation、document、management、individual difference、self-efficacy、gender、planned behavior、knowledge management、information technology、evolution、user acceptance、social network、wikipedia、credibility、virtual community、thesaurus、need、document retrieval、recall

（1）*Scientometrics* 的 3 个聚类中，第 1 个聚类主要有关于科学计量指标的内容，代表性的关键词如 h-index。结合其他关键词大体可以发现，这些研究是利用计量指标来对科研绩效、科研产出等进行评价。第 2 个聚类是利用共被引方法等对不同国家的专利或相关学科进行文献计量分析。第 3 个聚类是利用共被引方法、社会网络分析方法等对科学合作进行研究；还有些文献研究了知识扩散。

（2）从 *JASIST* 的 3 个聚类来看，第 1 个聚类主要是科学计量学方面的研究内容，涉及的关键词与 *Scientometrics* 的 3 个聚类都有一些交叉。这反映出该刊也发表不少科学计量学方面的论文。第 2 个聚类主要是信息检索方面的关键词，如"text retrieval"（文本索引）、"sfeedback"（反馈）、"relevance"（相关性）等。第 3 个聚类涉及的主题比较多，除一些信息检索的相关词外，还有知识管理、信息技术、虚拟社区等。

6.5　研　究　结　论

本书通过 CiteSpace 的突发词检索功能，对 *Scientometrics* 和 *JASIST* 两种期刊的突发词进行了研究。通过研究可以发现，这些突发词代表了一定时期内两种期刊上研究的主要主题及相关信息。从论文创新的角度看，这些突发词为研究者选题创新提供了参考。通过关注最近一段时间的突发词，研究者可以以此为基础，优化自己的检索策略，然后通过阅读相关文献寻找某个领域研究的可能创新点。

基于多种耦合关系的论文
创新评价的实证研究

7.1　引　　言

美国学者凯斯勒（Kessler）在 1963 年提出了文献耦合（bibliographic coupling）的概念。他研究发现，越是学科或者专业内容相近的论文，它们的参考文献中包含的相同文献数量就越多。基于这样的发现，他把两篇同时引用一篇文献的论文（即共同的参考文献）称为耦合论文（coupled papers），并把它们之间的这种关系称为文献耦合。

根据笔者收集的文献看，这方面的研究大体可以分为四种类型。

第 1 类是利用文献耦合方法探索一个学科或领域的知识结构及其演化过程或其他相关研究。如斯莫尔（Small，1977）研究了期刊聚类；莫里斯（Morris，2003）等研究了炭疽病领域的研究前沿；贾内文（Jarneving，2007）探索了文献耦合及其在研究前沿发现中的应用；库西（Kuusi，2007）研究了纳米管领域的技术突破；陈达仁（2011）等识别 LED 照明技术；凯斯勒（Kessler，2014）探讨了科技论文间的文献耦合；袁玉兰等（2015）对当代旅游研究主题进行了研究；曹霞等（2015）研究了国外医学信息学进行了相关研究；刘文渊等（2017）研究了物理学领域的知识演化。

第 2 类是对文献耦合方法进行改进和拓展。早期文献耦合研究的分析对象是论文。格兰采尔和克泽翁（Glänzel & Czerwon，1996）在文献耦合的基础上，对于核心文献从其刊载的期刊、子领域和机构地址信息进行了分析，拓展了文献耦合分析的研究对象。刘瑞珑（Liu，2017）认为，除了文献间的耦合关系外，还考虑了参考文献的标题信息，通过两者的结合，更加有效地理解文献间的关系。李和郑（Lee & Chung，2016）从期刊耦合分析的角度，探讨了大数据研究的跨学科结构。赵大志和施特罗特曼（Zhao & Strotmann，2010）把文献耦合拓展至作者文献耦合分析（author bibliographic coupling analysis，ABCA），以情报学领域为例来进行实证研究，并将 ABCA 与 ACA 进行充分对比，以探析二者之间的异同点。陈远和王菲菲（2011）、马瑞敏和倪超群（2012）、王知津等（2013）、宋艳辉和武夷山（2014）、宋艳辉和杨思洛（2015）利用作者文献耦合方法进行了一系列相关研究。

第 3 类是将文献耦合网络与其他网络进行比较研究。文献耦合关系可以形成一个方面耦合网络。埃格赫和鲁索（Egghe & Rousseau，2002）、晏尔伽和丁颖（2012）、博亚克和克拉万内斯（Boyack & Klavans，2014）对文献耦合网络与共被引网络、引文网络、合作网络、共词网络等之间的关系进行了相关研究。

第 4 类是把文献耦合和其他方法混合使用，达到特定的研究目的。如贝希特勒（Bichteler，2010）等探讨了文献耦合和共被引在文献信息检索中混合使用。赵大志和施特罗特曼（Zhao & Strotmann，2014）利用作者共被引和文献耦合分析研究了 2006～2010 年的信息科学研究基础和研究前沿。黄慕萱和陈达仁（2015）利用文献耦合和文献共被引研究了有光二极管领域的研究前沿。蒂斯（Thijs，2015）等利用文献耦合和层次聚类研究了主题分类模式的改进。常玉梅（2015）等基于关键词、文献耦合和共被引分析研究了图书情报科学研究主题的演化。帕克等（Park et al.，2015）基于文献耦合和潜在语义分析的专利分析，研究了潜在的合作伙伴。加兹尼和迪迪加（Gazni & Didegah，2016）利用作者文献耦合和引用的变化分析学科差异。

本书将利用文献耦合等耦合关系形成的各种耦合网络，对论文创新性评价进行探索性研究。

7.2　多种耦合关系与论文创新评价

7.2.1　多种耦合关系

文献耦合在研究学科前沿、发现学科知识结构、信息检索等方面都有重要应用。它有两个显著特点："耦合强度不变"和"表示引证文献之间固定而长久的关系，反映静态结构"。

图 7 - 1 是博亚克和克拉万内斯（Boyack & Klavans，2014）绘制的文献耦合示意。图中的灰色区域的论文是来自同一个数据集，图中的 W、X、Y 和 Z 是数据集外的文献。实线部分表示论文 A 等引用的是数据集中的文献；虚线部分表示其引用的是数据集外的文献。画椭圆的部分表示在耦合网络中可以形成连线的论文。左边表示文献耦合度计算时只考虑数据集中的文献，右边表示计算时还要考虑引用数据集外部的文献。文献耦合强度可以通过计算其共同引用的文献数量来反映。耦合强度越大，表明两篇文献拥有的研究基础越相近，其研究的问题或使用的研究方法越相似。

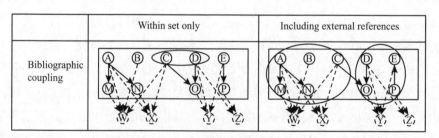

图 7 - 1　文献耦合示意

基于文献耦合的基本概念，已经衍生出一些新的概念，如期刊耦合、机构耦合、国家耦合、作者耦合等。如果是研究期刊耦合现象，那么图 7 - 1 中的 A 等代表的就是一种期刊。如果两种期刊共同引用其他文献源的数量越多，它们越相似，机构耦合等也是同样处理。

在 VOSviewer 软件中，可以非常方便地对相关数据集的这些耦合关系进行处理，并能自动生成可视化的网络图。通过对网络图中的节点特征及网络整体结构，可以对其进行更加精确的分析。

7.2.2　论文创新性评价

论文的创新性是一个相对的概念。在评价论文创新性的时候，通常有三种方法：同行专家的定性评价；基于文献计量指标进行定量评价；两者相结合。本书将采用引文方法和文献耦合方法来对论文创新性评价进行探索性研究。引文是作者（同行）主观的判断，也就是所谓的"同行评议"，是能够读懂被引文献的本领域同行或相关领域同行对其研究是否"有用"或"有帮助"的判断。叶继元教授（2005）认为，引文法既是定量又是定性的评价法。

笔者认为，如果同一研究主题的某篇论文被引越多，那么其创新性可能越大。但论文被引有一定的时滞，对于较新的论文不易判断。本书假设，如果某一时间窗口的论文与其他论文的耦合数量越多，那么表明其拥有的研究基础越全面，其研究成果的创新性可能越大。如果论文的被引频次与其耦合强度之间存在正相关性，那么就可以把其作为评价论文创新性的一个参考指标。论文的参考文献不会随着时间而发生变化，因此它可以弥补被引频次时滞的问题。同样思路可以探讨作者、机构、国家在某个领域的论文创新性问题。

7.3　数据来源及数据处理

7.3.1　数据来源

本书以 Web of Science 为数据源，检索时间为 2017 年 7 月 31 日；检索策略如下：

　　您的检索：标题：citation analysis。

　　精练依据：文献类型：ARTICLE OR REVIEW OR PROCEED-INGS PAPER。

　　时间跨度：1986～2016 年。索引：SCI－EXPANDED，CCR－EXPANDED，IC。

最终检索到相关文献 201 篇。图 7－2 是 Web of Science 平台自动生成的引文报告，从发文量可以将该领域的研究分为两个阶段。第一阶段是 1996～2005 年，每年的发文数量在 10 篇以下。第二阶段是 2006～2016 年，除 2007 年的 5 篇之外，其他年份的发文量都在 10～17 篇之间。这反映出该领域的研究目前还处于一个较为稳定的发展状态。从图 7－2 还可以看出，该领域的 "h-index"（h 指数）为 39，篇均被引频次为 25.09 次，论文按年份被引频次一直处于一个上升状态。由于引文时滞问题，2015 年和 2016 年暂时处于下降趋势。本书将以这 201 篇论文为数据集，对其进行相关分析。

图 7－2　检索结果引证报告

7.3.2 数据处理

本书将对该数据集所形成的作者耦合网络、机构耦合网络、国家耦合网络、论文耦合网络和期刊耦合网络进行分析。数据的具体处理过程如下。

（1）利用 VOSviewer 可以非常方便地生成各种耦合网络的文档，如图 7 - 3 所示。

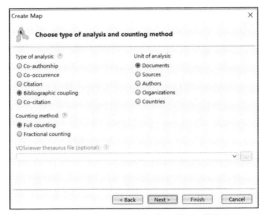

图 7 - 3　VOSviewer 耦合网络生成界面

（2）利用 VOSviewer 进行聚类和网络可视化（见图 7 - 4），然后根据聚类结果和耦合网络可视化图形进行分析。

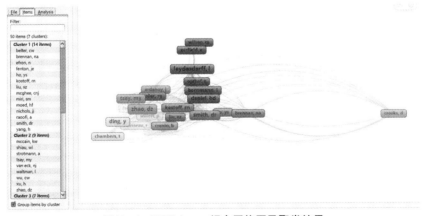

图 7 - 4　VOSviewer 耦合网络图及聚类结果

（3）将 VOSviewer 生成的耦合网络保存为".net"文件和分区文件".clu"，部分内容利用 Pajek 的一些特殊功能进行处理之后进行分析。

7.4　数　据　分　析

7.4.1　作者耦合网络

该数据集一共有 436 位作者。在利用 VOSviewer 耦合网络生成作者耦合网络前，软件提示，作者发文量 2 篇及以上的一共有 50 位。本书仅对这 50 位作者的耦合网络进行分析。图 7-5 是 VOSviewer 分区结果通过 Pajek 的网络收缩功能得到的耦合网络图。图中的数字代表不同的分区，每个分区包括多个作者；数字之间的连线表示耦合强度。从中可以看出，分区 4 和分区 7 的耦合强度最大；分区 2、分区 3 和分区 7 之间的耦合强度居中；分区 1、分区 5 和分区 6 与其他分区间的耦合强度较弱。

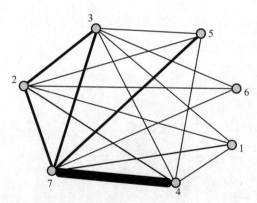

图 7-5　作者耦合网络（网络收缩，前 50 名）

从表 7-1、表 7-2 看，7 个分区中，除第 1 分区作者人数是 14 人外，其他的作者规模都在 10 人以下。其中，第 2 分区的作者在局部被引和全局被引都较为突出。第 1 分区虽然人数较多，但是其作者与其他分区的作者耦合强度并不强。从研究内容看（见表 7 - 3），在分区 2 作者的论文标题中，"co-citation analysis"（共引分析）出现了 9 次，占总体的 45%，其他分区"co-citation analysis"出现的次数相对较少，这表明分区 2 中利用"co-citation analysis"进行研究的成果相对较多。分区 4 的内容比较丰富。有对引文分析理论的研究；对信息检索、化学计量学、晶体学等专题领域的研究。丁颖等提出了基于内容的引文分析；金等基于引文句子的研究等。分区 5 有 1 篇是专门研究加泰罗尼亚研究的引文分析和 3 篇专利引文分析。分区 6 只有两篇论文，其主要是对加拿大护理领域和精神肿瘤学引文分析，其研究对象的空间特殊性和学科特殊性是其与另外的研究成果耦合较少的重要原因。分区 7 有 2 篇探讨了引文分析中存在问题，另外有 2 篇是对生态经济学领域方面的引文分析，其研究主题也相对比较特殊。

表 7 - 1　　　　　　　　　　　　50 位作者分区情况

序号	作者	分区	序号	作者	分区
2	Belter, C W	1	13	Garfield, E	3
4	Brennan, N A	1	21	Leydesdorff, L	3
10	Efron, N	1	31	Neuhaus, C	3
11	Fenton, J E	1	33	Opthof, T	3
17	Ho, Y S	1	45	Wilson, C S	3
20	Kostoff, R N	1	5	Chambers, T	4
22	Liu, X Z	1	9	Ding, Y	4
27	Mcghee, C N J	1	12	Foo, S	4
28	Miri, S M	1	36	Rousseau, R	4
29	Moed, H F	1	39	Song, M	4
32	Nichols, J J	1	44	Willett, P	4
35	Raoofi, A	1	49	Zhang, G	4
38	Smith, D R	1	1	Ardanuy, J	5
48	Yang, H	1	14	Glanzel, W	5

续表

序号	作者	分区	序号	作者	分区
26	Mccain，K W	2	16	Hammarfelt，B	5
37	Shiau，W L	2	19	Kolar，R G	5
40	Strotmann，A	2	30	Mogee，M E	5
41	Tsay，M Y	2	7	Crooks，D	6
42	van Eck，N J	2	15	Hack，T F	6
43	Waltman，L	2	18	Kepron，E	6
46	Wu，C W	2	34	Plohman，J	6
47	Xu，H	2	6	Cronin，B	7
50	Zhao，D Z	2	23	Ma，C B	7
3	Bornmann，L	3	24	Macroberts，B R	7
8	Daniel，H D	3	25	Macroberts，M H	7

从表7-1中可以看出，不同的分区中都有一些比较特殊的研究内容，这也导致其引用文献时会有较大的差异，所以基于文献耦合最终形成了不同的聚类。这些论文的标题中都出现了"citation analysis"，但是其研究的对象和研究的目标还是有较大的差异。虽然作者耦合网络不能帮助研究者直接判断论文的创新性大小，但基于耦合强度的聚类结果使相近的论文聚在一起，进而为研究者了解论文创新性提供了一个选择的渠道。

从统计数据看，如果一篇论文是多个作者，那么计算他们的耦合强度时，其共同完成的论文的参考文献数量都会计算到耦合强度中。如果作者多次合作，那么他们的耦合强度会非常大。耦合强度计算时也不区分第一作者和其他作者。所以利用这种方法分析时，要尽量考虑到这些因素对最终耦合强度的影响。

表7-2　　　　　　　　　　　各分区论文数量等汇总

分区	论文数量	局部被引频次	全局被引频次	作者人数
1	33	32	702	14
2	30	71	1067	9

续表

分区	论文数量	局部被引频次	全局被引频次	作者人数
3	21	7	654	7
4	16	26	305	7
5	12	6	108	5
6	8	8	92	4
7	8	28	821	4

表 7 - 3 　　　　　　　　分区 2、分区 4 ~ 分区 7 的论文信息

分区	作者	论文标题	年份
2	White, H D; McCain, K W	Visualizing a discipline: An author co-citation analysis of information science, 1972 ~ 1995	1998
2	Goodrum, A A; McCain, K W; Lawrence, S; Giles, C L	Scholarly publishing in the Internet age: a citation analysis of computer science literature	2001
2	Zhao, D Z; Logan, E	Citation analysis using scientific publications on the Web as data source: A case study in the XML research area	2002
2	Tsay, M Y; Xu, H; Wu, C W	Journal co-citation analysis of semiconductor literature	2003
2	Tsay, M Y; Xu, H; Wu, C W	Author co-citation analysis of semiconductor literature	2003
2	Zhao, D Z	Towards all-author co-citation analysis	2006
2	Zhao, D Z; Strotmann, A	Can citation analysis of Web publications better detect research fronts?	2007
2	van Eck, N J; Waltman, L	Appropriate similarity measures for author co-citation analysis	2008
2	Su, Y M; Yang, S C; Hsu, P Y; Shiau, W L	Extending co-citation analysis to discover authors with multiple expertise	2009

续表

分区	作者	论文标题	年份
2	Tsay, M Y	Citation analysis of Ted Nelson's works and his influence on hypertext concept	2009
2	Zhao, D Z; Strotmann, A	Counting First, Last, or All Authors in Citation Analysis: A Comprehensive Comparison in the Highly Collaborative Stem Cell Research Field	2011
2	Zhao, D Z; Strotmann, A	Intellectual structure of stem cell research: a comprehensive author co-citation analysis of a highly collaborative and multidisciplinary field	2011
2	Strotmann, A; Zhao, D Z	Author name disambiguation: What difference does it make in author-based citation analysis?	2012
2	Shiau, W L; Dwivedi, Y K	Citation and co-citation analysis to identify core and emerging knowledge in electronic commerce research	2013
2	Tsay, M Y	Knowledge input for the domain of information science A bibliometric and citation analysis study	2013
2	van Eck, N J; Waltman, L; van Raan, A F J; Klautz, R J M; Peul, W C	Citation Analysis May Severely Underestimate the Impact of Clinical Research as Compared to Basic Research	2013
2	Zhao, D Z; Strotmann, A	In – Text Author Citation Analysis: Feasibility, Benefits, and Limitations	2014
2	Tsay, M Y	Knowledge flow out of the domain of information science: a bibliometric and citation analysis study	2015
2	Shiau, W L	The intellectual core of enterprise information systems: a co-citation analysis	2016
4	Rousseau, R	Citation analysis as a theory of friction or polluted air? Comments on theories of citation?	1998
4	Ding, Y; Chowdhury, G; Foo, S	Mapping the intellectual structure of information retrieval studies: an author co-citation analysis, 1987 ~ 1997	1999

分区	作者	论文标题	年份
4	Ding, Y; Chowdhury, G G; Foo, S	Journal as markers of intellectual space: Journal co-citation analysis of information Retrieval area, 1987～1997	2000
4	Redman, J; Willett, P; Allen, F H; Taylor, R	A citation analysis of the Cambridge Crystallographic Data Centre	2001
4	Bishop, N; Gillet, V J; Holliday, J D; Willett, P	Chemoinformatics research at the University of Sheffield: a history and citation analysis	2003
4	Ding, Y; Zhang, G; Chambers, T; Song, M; Wang, X L; Zhai, C X	Content-based citation analysis: The next generation of citation analysis	2014
4	Li, R; Chambers, T; Ding, Y; Zhang, G; Meng, L S	Patent Citation Analysis: Calculating Science Linkage Based on Citing Motivation	2014
4	Liu, Y X; Rousseau, R	Citation Analysis and the Development of Science: A Case Study Using Articles by Some Nobel Prize Winners	2014
4	Kim, H J; Jeong, Y K; Song, M	Content-and proximity-based author co-citation analysis using citation sentences	2016
5	Mogee, M E; Kolar, R G	Patent citation analysis of new chemical entities claimed as pharmaceuticals	1998
5	Mogee, M E; Kolar, R G	Patent citation analysis of Allergan pharmaceutical patents	1998
5	Mogee, M E; Kolar, R G	Patent co-citation analysis of Eli Lilly & Co. patents	1999
5	Ardanuy, J; Urbano, C; Quintana, L	A citation analysis of Catalan literary studies (1974 - 2003): Towards a bibliometrics of humanities studies in minority languages	2009

续表

分区	作者	论文标题	年份
5	Zhang, L; Janssens, F; Liang, L M; Glanzel, W	Journal cross-citation analysis for validation and improvement of journal-based subject classification in bibliometric research	2010
5	Hammarfelt, B	Interdisciplinarity and the intellectual base of literature studies: citation analysis of highly cited monographs	2011
5	Hammarfelt, B	Citation Analysis on the Micro Level: The Example of Walter Benjamin's Illuminations	2011
5	Ardanuy, J	Sixty years of citation analysis studies in the humanities (1951 – 2010)	2013
5	Gonzalez – Alcaide, G; Calafat, A; Becona, E; Thijs, B; Glanzel, W	Co – Citation Analysis of Articles Published in Substance Abuse Journals: Intellectual Structure and Research Fields (2001 – 2012)	2016
6	Hack, T F; Crooks, D; Plohman, J; Kepron, E	Research citation analysis of nursing academics in Canada: identifying success indicators	2010
6	Hack, T F; Crooks, D; Plohman, J; Kepron, E	Citation analysis of Canadian psycho-oncology and supportive care researchers	2014
7	MacRoberts, M H; MacRoberts, B R	Problems of citation analysis	1996
7	Cronin, B	Bibliometrics and beyond: Some thoughts on web-based citation analysis	2001
7	Cronin, B; Shaw, D	Identity-creators and image-makers: Using citation analysis and thick description to put authors in their place	2002
7	Costanza, R; Stern, D; Fisher, B; He, L N; Ma, C B	Influential publications in ecological economics: a citation analysis	2004
7	Ma, C B; Stern, D I	Environmental and ecological economics: A citation analysis	2006
7	MacRoberts, M H; MacRoberts, B R	Problems of Citation Analysis: A Study of Uncited and Seldom – Cited Influences	2010

7.4.2　机构耦合网络

该数据集一共有 245 个机构。在利用 VOSviewer 耦合网络生成作者耦合网络前，软件提示，发文量 2 篇及以上的一共有 43 位。本书仅对这 43 个机构的耦合网络进行分析。图 7 - 6 是利用 VOSviewer 生成的机构耦合网络图。

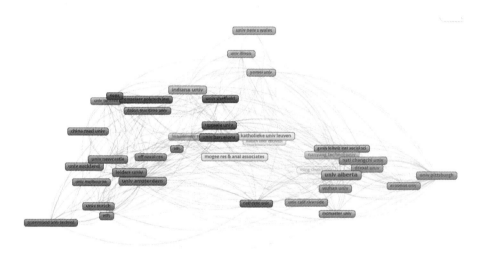

图 7 - 6　机构耦合网络图（前 43 名）

下面仅对第 1 分区的 12 个机构论文进行分析。从表 7 - 4 看，这些机构分布在全球 7 个国家，一共发文 41 篇，约占总体的 20%。其中，发文和被引都较多的是荷兰的阿姆斯特丹大学和莱顿大学；澳大利亚国立大学的发文虽然较少，但其被引却相对较多。从表 7 - 4 看，每个机构的发文数量都较少，有些机构的论文是一两个作者完成的。如纽卡斯尔大学的 4 篇论文的作者都是史密斯（Smith）；阿姆斯特丹大学的 5 篇论文中都有雷迭斯多夫。

表 7 - 4　　　　　　　　　　分区 1 的 12 个机构信息

序号	机构名称	Recs	TLCS	TGCS	国别
1	Univ Amsterdam	6	1	136	荷兰

续表

序号	机构名称	Recs	TLCS	TGCS	国别
2	Leiden Univ	5	4	319	荷兰
3	China Med Univ	4	1	21	中国
4	ETH	4	3	183	瑞士
5	Univ Newcastle	4	5	79	英国
6	Univ Zurich	4	2	137	瑞士
7	Off Naval Res	3	5	137	美国
8	Univ Auckland	3	11	91	新西兰
9	Australian Natl Univ	2	3	155	澳大利亚
10	Dalian Maritime Univ	2	1	9	中国
11	NIH	2	0	17	美国
12	Univ Melbourne	2	0	15	澳大利亚

结合原始数据看，被引较多的论文其研究内容都较为特别，即有较大的创新性。如中国药科大学的崔雷利用引文分析的原理来研究网站评价，其被引达到了 12 次，占该机构被引的 57%。另外，有些论文虽然发文时间较短，被引频次很少，但其同样有较大的创新性。如印第安纳大学的刘晓钟和大连海事大学的张劲松共同完成的全文引文索引就是引文分析一个新的研究方向。

整个数据集中，发文和被引都比较多的是加拿大的阿尔伯塔大学，7 篇论文中，有 5 篇的第一作者都是赵大志。排在第二和第三的是美国的印第安纳大学和荷兰的阿姆斯特丹大学。阿姆斯特丹大学的 5 篇论文中，雷迭斯多夫有 2 篇是第一作者，3 篇是第二或第三作者。虽然，印第安纳大学的作者在这个分区中没有特别突出的作者，但在整个数据集中，丁颖有 4 篇论文，且被引都比较高。

7.4.3 国家耦合网络

该数据集一共有 38 个国家。在利用 VOSviewer 耦合网络生成国家耦合网络前，软件提示，发文量 2 篇及以上的一共有 23 位。本书仅对这 23 个机构的耦合网络进行分析。从利用 VOSviewer 生成的国家耦合网络中可以看出，国家耦合关系具有较为明显的区域性。如中国、新加坡、韩国等亚洲国家被聚为一个类别；意大利、西班牙和比利时 3 个欧洲国家聚为一类。美国、中国、荷兰、澳大利亚等在网络中表现较为突出，这也反映出这些国家在这个领域中属于创新研究的主体。

结合表 7-5 的数据看，国内学者在该领域的发文量已经处于第 2 位，但是从局部被引和全局被引分别排在第 11 和第 9 位。这从一个侧面反映出中国学者在该领域研究的学术影响力还有待提升，提升的重要前提就是要有创新性较高的研究成果。

表 7-5 发文最多的国家（前 5 名）

序号	国家	发文量（篇）	发文百分比（%）	局部被引（次）	全局被引（次）
1	美国	49	24.4	77	1924
2	中国	25	12.4	6	201
3	荷兰	20	10	5	721
4	澳大利亚	16	8	10	350
5	加拿大	16	8	17	308

7.4.4 期刊耦合网络

该数据集一共有 86 种期刊。在利用 VOSviewer 耦合网络生成国家耦合网络前，软件提示，发文量 2 篇及以上的一共有 18 位。下面仅对这 18 种期刊的耦合网络进行简要分析。图 7-7 是利用 VOSviewer 生成的期刊耦合网络图。从图中可以看出，这些被引较多，耦合较为紧密的期刊可以分为 4 类。第一类是图书情报学领域的期刊，如 *Scientometrics*。第二类是信息系统领域的期刊，如 *Expert Systems with Applications*。第三类是医学类期刊，如 *Clinical and Experimental Ophthalmology*。第四类是其他，如 *Ecolog-*

ical Economics。

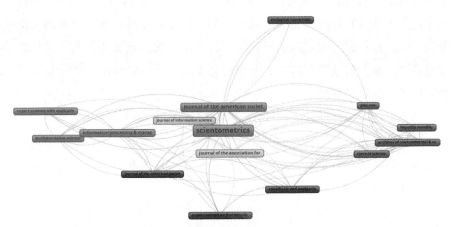

图7-7　期刊耦合网络（前18名）

　　总体而言，图书情报学领域是引文分析成果最多、影响力最大的。该领域的研究者除了研究引文分析的应用之外，主要还集中在引文分析和理论基础及方法改进方面的研究。其他领域的研究者主要是将引文分析与特定领域相结合，进行应用性研究。在整个文献耦合网络当中，图书情报学领域的期刊如 *Scientometrics* 等在网络中被其他学科的期刊引用较多。这些期刊中，局部被引最多的5种期刊分别是 *Scientometrics*、*Journal of the American Society for Information Science*、*Journal of Information Science*、*Journal of the American Society for Information Science and Technology*、*Clinical and Experimental Ophthalmology*，其中只有一种是医学类学术期刊。而在全局被引的前5种期刊中则除了以上4种图书情报学期刊外，还有一种也是图书情报学期刊 *Information Processing and Management*。这反映出图书情报学期刊在引文分析领域属于知识输出类期刊，在该领域的研究处于主导地位。从创新的角度看，图书情报学期刊上的论文其创新性比较强，其他领域期刊的创新性相对较弱。

7.4.5　论文耦合网络

该数据集一共有 201 篇论文。在利用 VOSviewer 耦合网络生成国家耦合网络前，软件提示，被引 30 次及以上的论文一共有 52 篇。图 7 - 8 是利用 VOSviewer 生成的论文耦合网络图和网络密度图。从图 7 - 8 看，这些高被引方面由于耦合关系形成了 6 个明显的聚类。怀特和麦凯恩（White & Mccain，1998；利用作者共被引分析对 1972 ~ 1995 年期间，信息科学的可视化分析）在网络中表现非常突出，其全局被引达到了 485 次，是被引最多的论文。这表明该论文在整个论文集合中，属于创新性比较高的论文，对后续的相关研究产生了较大的影响。还譬如麦克罗伯特（Macroberts，1996）等对引文分析研究过程中存在问题进行了研究，其全局被引达到了 222 次，在全局被引中排第 2 位。丁颖等（1999）利用作者共被引分析方法对信息检索领域的知识结构进行了可视化分析。虽然该论文在全局被引中只有 42 次，但在该数据集中被引 9 次，排在所有论文中的第 3 位。这表明其在引文分析这个小的领域内有较高的影响力，这种在全局或局部的高影响力与论文创新性的大小应该有较强的关系，即影响力越大，一般其创新性比较高。

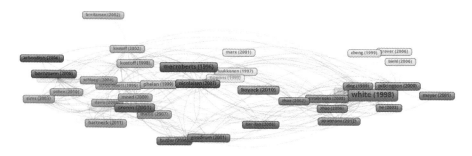

图 7 - 8　高被引方面耦合网络图（前 52 名）

7.5　研　究　结　论

本书利用作者耦合网络、机构耦合网络、国家耦合网络、期刊耦合网络和论文耦合网络研究了文献信息耦合网络与论文创新性之间的关系。文献耦合关系不依赖于论文被引数据，可以及时对相关文献信息进行分析和比较，这是它优于共被引分析、共引分析等方法的优点。它可以实现对相关信息的及时分析，一定程度上能够满足论文创新性评价在时间属性上的要求。但是这种耦合关系在分析过程中，需要结合文献内容信息进行分析在判断，因此在评价论文创新性方面准确性方面可能有一定的不足。

基于自引网络和内容分析的学者
研究主题创新的比较研究

8.1 引　言

引用与被引实际上反映了知识间的流动与渗透，折射出学术共同体的研究边界，是体现知识生产、传播过程的一个重要方面。引文网络是反映知识流动与渗透非常有效一种手段。加菲尔德（Garfield，2003）认为，引用网络在研究一个领域（或主题）的历史及其发展过程中有非常重要的价值。他早年曾通过手工绘制引文时序网络图展示了遗传学阶段性发展历史的研究脉络。他和他的合作者还开发了引文分析的可视化工具 HistCite，并利用它进行了一些实证研究。李运景等（2010）利用引文时序可视化方法绘制了中国杂交水稻研究的引文编年图。

根据不同的标准，引文网络的研究分为不同方面，如吴海峰和孙一鸣（2012）按照研究目的将引文网络的研究分为学术评价指标优化、引文网络中社会群体分析、引文网络知识流挖掘以及引文数据源分析抽取技术等方面。笔者认为，节点和关系是引文网络最基本的两个要素。引文网络中的节点可以最开始是指论文；节点的关系可以是引用、被引、共被引、共引等多种类型。如吕鹏辉和张士靖（2014）以论文为节点，论文间的引用为关系，研究了引文网络的结构、特征及其演化过程。其次，基于论文间的引用和被引关系，作者、期刊、专利等也为节点进行研究。如孙海生和张曙光（2011）、皇甫青红等（2013）、陈伟等（2014），以作者为节点，作者的互引、共被引、被引为关系，研究了情报学领域核心作者互引网络、国际社会网络分析领域作者共被引网络和基于合著网络与被引网络的科研合作网络。金碧辉等（2005）、黄亚明等（2008）、姜春林等（2009）、宋歌（2011）以期刊为节点，期刊间的引用、互引为关系，研究了期刊引文网络、经济学期刊互引网络、管理学期刊的引文网络。李侠（Li，2007）以专利为节点，专利引用为关系，研究了纳米技术的专利引文网络。第三类研究成果是以论文与专利、作者与论文同时为网络中的节点，并以论文引用为关系来研究引文混合网络。如高继平（2012）、段宇峰和朱庆华（2012）、杨冠灿等（2013）等研究了专利—论文混合共被引、合著与引文混合网络和综合引用网络。第四类是从其他视角对引文网络的研究。如马楠和官建成（2008）基于网络结构挖掘算法研究了引文网络；刘洪涛等（2011）构建了带舆论评价的引文网络；金（Kim，2014）利用专利引文网络研究了电子技术的融合。

从前期的文献调研看，自引网络的研究成果较少。赫尔斯滕（Hellsten，2007）基于自引网络、合作者和关键词信息，利用最优化方法挖掘了学者的研究领域。海兰德（Hylandy，2001）认为，大部分的引文分析成果中，自引或者被看作是无关的干扰，或者被认为是作者的利己主义。学术界对自引比较多的持一种否定的态度，如在期刊评价、论文评价过程中通过会排除自引来计算评价对象的被引频次或其他文献计量指标。斯奈德和邦奇（Snyder & Bonzi，1998）研究发现，物理学领域的自引率大约为15%，而人文科学大约是3%。格兰采尔等（Glanzel，2004）研究发现，生命科学的自引率约为25%，自然和工程科学的自引率为30%～40%。格兰采尔（Glanzel，2004）等还发现，自引的时间往往要短于引用他人成果的时间。克洛宁和肖（Cronint & Shaw，2002）研究发现，当作者的研究转向一些新的领域时，他们的引用行为会发生变化，其表现为自引频次增加。这可能是由于前期相关和研究成果较少的原因。从这些数据和研究成果及自引现象本身看，自引原本是一种正常的引用行为，但被不合理地人为操纵之后才产生一些不良后果。

自引网络的研究较少，可能与学者不太认同自引行为有关。

国内图书情报学领域的研究主题挖掘已经有很多种方法。如共词分析、聚类分析、战略坐标图、社会网络分析、关联规则、关联网络、内容分析、扩展作者共现和知识分子结构法等。这些研究方法多用于对一个主题领域的主题进行归纳的分析，专门针对研究人员个体的研究主题研究相对较少。本书将尝试利用作者自引网络和内容分析来分析学者的研究主题。

8.2 作者自引网络、构建工具及测度指标

8.2.1 作者自引网络

引文网络是由不同对象所对应的节点及其引用关系形成的网络。本书的作者自引网络是指一位作者及其合作者撰写的论文集合中，论文之间引用与被引所形成的引文网络。正如赫尔斯滕（Hellsten）等所言，作者自引与引用他人的研究成果相比，尽管引用的原因可能相同，但它有一种不同的认知和社会功能。自引网络能够更加细致地刻画作者研究主题之间的相互关系及其研究主题的变化。

8.2.2 构建自引网络的工具

目前，已经有许多可以自动构建和将引文网络可视化的工具。范艾克和沃尔特曼（van Eck & Waltman，2010，2014）专门介绍了他们开发的 VOS-viewer 和 CitNetExplorer。胡长爱和朱礼军（2010）、杨思洛和韩瑞珍（2012）、肖明等（2013）、周晓分等（2013）分别对国内外不同的网络构建工具进行了比较研究。通过对不同软件工具功能的对比和实际应用，本书选择了由微软研究院马克·史密斯（Marc Smith）团队及众多研究机构为网络可视化分析而开发的一个 Excel 外接程序：NodeXL（Network Overview Discovery Exploration for Excel）。它不仅具备常见的分析功能，如计算中心性、PageRank 值等，还能对暂时性网络进行处理。在布局方面，它主要采用力导引布局方式。NodeXL 的一大特色是可视化交互能力强，具有图像移动、变焦和动态查询等交互功能。在前期的数据处理阶段，还使用了 Histcite 和 Notepad。

8.2.3　数据来源

笔者从 Web of Science 采集了埃格赫（Egghe）、雷迭斯多夫（Leydesdorff）和格兰采尔（Glanzel）三位学者以第一作者发表的 229 篇论文为数据集。从表 8 - 1 中数据可以看出，这三位学者发表的论文主要分布在 *Journal of the American Society for Information Science and Technology* 和 *Scientometrics* 两个刊物上。这些论文分布在 1985 ~ 2013 年，其中单作者的论文有 112 篇，合著论文 117 篇。由于利用 NodeXL 构建的引文网络只显示了论文的代号，在内容分析时需要人工来对论文的题名、摘要和关键词等信息进行分析，这比单独根据关键词分析更加准确，但数据分析的效率较低。

在这个论文集合中，埃格赫有 117 篇论文，总被引频次为 203 次，篇均被引 1.74 次；雷迭斯多夫有 62 篇论文，总被引频次为 231 次，篇均被引 3.74 次；格兰采尔有 50 篇论文，总被引频次为 112 次，篇均被引为 2.24 次。篇均被引次数的大小与网络中论文相互关系的密切程度是相关的，篇均被引越大，论文间的关系越密切。从自引的角度看，在这个数据集中，雷迭斯多夫的自引相对最多，其次是埃格赫，格兰采尔的自引相对较少。

表 8 - 1　　　　　　　　　　三位学者在不同期刊的发文数量

期刊名称	埃格赫	格兰采尔	雷迭斯多夫
Information Processing & Management	23	3	0
Journal of Documentation	3	0	2
Journal of Information Science	5	2	0

期刊名称	埃格赫	格兰采尔	雷迭斯多夫
Journal of the American Society for Information Science and Technology	44	1	38
Scientometrics	44	44	22
合计	117	50	62

注：作者在 *Journal of the American Society for Information Science* 和 *Journal of the American Society for Information Science and Technology* 的发文数量进行了合并。

8.2.4　自引网络测度指标

在社会网络和复杂网络研究领域，有很多指标可以定量测度节点或整个网络的网络属性。NodeXL 可以自动计算网络中各个节点的 7 个指标的数值，本研究选取其中的 4 个指标对三位学者的相关论文进行定量分析（见表 8 - 2）。这些指标可以帮助研究者更加精细地研究网络中各个节点的网络属性。

表 8 - 2　　　　　　　　　　　测度指标及其含义

测度指标	指标含义
点入中心度	测量网络中某篇论文向其他论文输出知识的程度。该值越大，表示该论文被网络中其他论文引用的次数越多
点出中心度	测量网络中某篇论文输入其他论文知识的程度。该值越大，表示该论文引用网络中其他论文的次数越多
中间中心度	测量某篇论文影响网络中其他论文知识互相交流效率的程度。该值越大，表示这篇论文在网络中扮演的"中间人"角色越重要
PageRank	同时考虑了论文的被引次数和论文的重要性，该值越大，论文在网络中的作用越大

8.3 实证分析

8.3.1 三位学者的自引网络图

图 8-1、图 8-2 和图 8-3 是利用 NodeXL 所绘制的三位学者的自引网络图。图中的每个节点代表一篇论文。节点之间如果存在引用或被引关系，就存在一条曲线。曲线的箭头由施引文献指向被引文献；节点的大小表示其点入中心度（in-degree）的大小；节点的颜色表示它们属于不同的类群［利用 NodeXL 的聚类算法（Clauset-Newman-Morre）］，将学者自引网络进行自动聚类。下面结合聚类结果及论文的相关信息的内容分析对三位学者的研究主题进行分析。

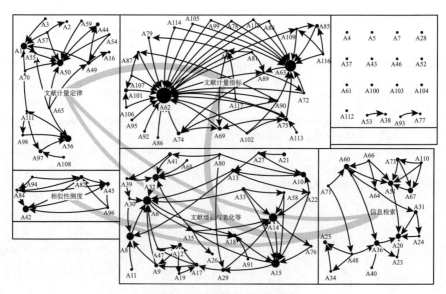

图 8-1 埃格赫的自引网络

注：NodeXL（http://nodexl.codeplex.com）绘制。

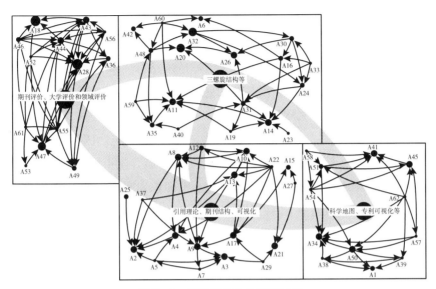

图 8 - 2　雷迭斯多夫的自引网络

注：NodeXL（http：//nodexl. codeplex. com）绘制。

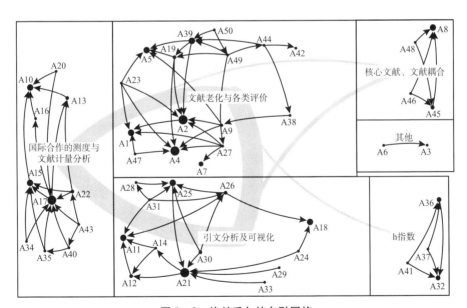

图 8 - 3　格兰采尔的自引网络

注：NodeXL（http：//nodexl. codeplex. com）绘制。

1. 埃格赫的自引网络

从图 8 - 1 看，埃格赫的论文形成了连通网络，还包括一些分散的节点（如 A4 等）。从 NodeXL 的聚类结果看，连通的部分又可以分成 5 个小的子网络。其研究主题分别为文献计量学定律、文献计量指标等，每个研究主题的具体研究内容见表 8 - 3。在 5 个子网络中，都存在一些自引网络中居于中心地位的论文，如文献计量定律中的 A1 和 A50、文献计量指标中的 A62 和 A63 等。这些论文是埃格赫其他相关研究的重要的知识来源。从图 8 - 1 中连接各个子网络的曲线看，这些子网络包含的论文之间也存在引用和被引用的关系。从引用与被引的角度看，文献计量定律网络中所引用的论文与文献计量指标、文献增长与老化等、信息检索三个子网络的论文间存在一定的联系；从曲线的粗细看，它们与文献计量指标子网络中的论文的关系更为密切。

表 8 - 3 埃格赫的研究主题

研究主题	论文数	发文时间	主要研究内容
文献计量学定律	18	1985 ~ 2013 年	洛特卡定律、布拉德福定律、齐普夫定律和语言学的"heaps'law"
文献计量指标	30	2006 ~ 2013 年	h 指数、g 指数的数学模型、h 指数与其他文献计量指标的关系及其应用等
信息检索	17	1997 ~ 2013 年	信息检索典型特征、语言偏好、相似性理论、测度指标、n-grams 分布、多词组合的齐普夫 - 曼德尔布罗特定律等
文献增长与老化	29	1992 ~ 2010 年	洛特卡定律、文献增长与老化、引文分布、引用的数学原理等传统的文献计量学研究主题，还包括信息生产、查全率与查准率的理论问题、超文本系统的拓扑与信息计量特征、图书馆书架密集测度模型、不均衡性测度的灵敏度、信息计量学分支与信息计量学和其他计量学之间的差距等
相似性测度	6	2002 ~ 2010 年	强相似性测度、强相似性与弱相似性测度的构建、基于向量基的相似性测度、关联强度与其他相似性测度等

图 8 – 1 中孤立的节点一共有 13 个，论文时间分布为 1991～2013 年。其研究内容涉及因特网信息计量特征、洛特卡定律、文献计量方法、相似性测度、权威引用与非权威引用、影响因子排序、研究者间接 h 指数等与前面相近的研究内容，也涉及合作理论与合作测度、信息生产、加权网络、学术论文的自然选择、多个数据库的覆盖范围等。有一部分论文与自引网络中连通部分的子网中论文的研究内容相同，但由于没有引用关系而成为孤立的节点。如 A53 是一篇研究洛特卡定律，但聚类时并没有把它聚在文献计量学定律的网络当中。

从表 8 – 3 看，埃格赫在文献计量学定律方面的论文分布在 1985～2013 年，这表明他对文献计量学理论方面的研究一直在关注。2005 年 h 指数提出之后，他与他的合作者就持续关注，并在这方面形成了非常多的研究成果。从中反映出他对科学计量学研究热点的及时与长期关注。文献增长与老化等内容及相似性测度的研究，在 2010 年之后基本不再有相关成果出现。虽然他是科学计量学领域的权威作者，但他对信息检索相关内容的研究也持续关注，并不断有新的成果出现。从中可以发现，埃格赫和他的合作者的研究内容非常广泛，但其研究主题又主要集中在文献计量指标（尤其是 h 指数和 g 指数）、文献计量学定律、信息检索和相似性测度 4 个领域。

2. 雷迭斯多夫的自引网络

从图 8 – 2 看，雷迭斯多夫的论文之间形成了 4 个相对紧密、数量较为均衡的子网络。从图中曲线的密集程度可以看出，这些论文之间的关系非常密切。从论文的内容看，除期刊评价、大学评价和领域评价这个子网络之外，其他三个子网络中有些论文虽然研究主题接近，但由于引用和被引被划分在不同的网络。

在各个子网络中，存在一些占据中心地位的论文，如 A28、A18 等被网络中其他论文引用的次数都达到了 8 次及以上，它们对网络中其他论文的影响力较大。

从表 8 – 4 可以看出，雷迭斯多夫对期刊评价、大学评价和领域评价方面的研究是 2006～2013 年；引用理论和期刊结构等方面的研究是 1997～2009

年；科学地图、专利可视化是2009～2013年。这反映了雷迭斯多夫及其合作者研究主题在不断变化，不断有新的研究主题得到他们的关注。

表8-4 雷迭斯多夫的研究主题

研究主题	论文数	发文时间	主要研究内容
期刊评价、大学评价和领域评价	13	2006～2013年	既有影响因子、引文影响指标、引文指标结构等文献计量指标，也有期刊引用网络、数据归一化等
三螺旋结构等	19	2009～2013年	三螺旋系统、科学系统、专利分析、文本分析、期刊地图、期刊与专利引用、信息交流、分类与幂律、跨学科评价指标等
科学地图、专利可视化	12	2009～2013年	全球科学地图、研究技术的本地化与全球化扩散、专利数据的可视化、期刊引用图的聚合等
引用理论、期刊结构与可视化	18	1997～2009年	引用理论、期刊结构、期刊引文网络、期刊引用环境可视化、作者共引可视化、跨学科可视化

总体而言，雷迭斯多夫及其合作者的研究主题侧重以引文分析为基础，从网络视角对相关内容展开相关研究，他比较关注各类评价、科学科发展和信息可视化。

3. 格兰采尔的自引网络

从图8-3看，除A3和A6之外，其余48篇论文形成了一个连通的网络。在网络中，有3个较大的子网络和2个较小的子网络。从图8-3中还可以发现，3个较大的子网络之间论文的引用或被引的关系较为密切。格兰采尔的自引网络中，A2和A4在网络中处于中心位置，对其他相关研究影响较大。

从表8-5可以发现，格兰采尔从1999年到2006年比较关注论文分类、自引、学科发展等方面的研究；他在2006年就发表了关于h指数的论文，但没有像埃格赫（Egghe）那样持续关注；2009～2013年，他比较侧重于期刊评价、论文评价等方面的研究；1997～2011年，他研究了国际合作的测度和基于文献计量的科研产出与影响等方面的研究；2011～2012年，他发表了3篇与核心文献相关的论文。从中可以看出，格兰采尔的研究主要是基于文献计量分析方法，在不同对象评价、科研产出、国际合作等方面的研究成果较多。

表 8-5　　　　　　　　　　　　　格兰采尔的研究主题

研究主题	论文数	发文时间	主要研究内容
引文分析及可视化	13	1999~2006 年	论文分类、自引、学科发展和会议文献的文献计量分析
h 指数	4	2006~2010 年	利用 h 指数研究了测度科研产出和引用影响、科学计量的长尾分布等
文献老化与各类评价	16	2009~2013 年	文献老化、国家评价、期刊评价、论文评价、机构评价和文献计量指标等
国际合作的测度与文献计量分析	11	1997~2011 年	还涉及了国家研究轨迹的变化、科研产出及引用影响、瑞典神经科学的衰退
核心文献和文献耦合	4	2011~2012 年	主题聚类、发现新的研究主题和文献计量网络及其关联性，还有一篇是文献耦合方法

　　总体而言，这三位学者的研究主题都非常丰富，既有相同的主题，也有各自的特色。如埃格赫和格兰采尔都研究了文献计量领域的 h 指数，只是前者数量较多；格兰采尔与雷迭斯多夫对都关注了引文分析与可视化、文献老化与各类评价。埃格赫比较注重文献计量学领域的各种定律，信息检索与相似性测度也是其他两位学者关注较少的；雷迭斯多夫比较测重利用文献计量学方法对学科发展、科学地图的构建等方面进行相关研究；格兰采尔的研究特色体现在国际合作的测度与文献计量分析、核心文献与文献耦合两个方面。这三位学者之间合作很少，只有埃格赫和雷迭斯多夫合作完成了一篇题为"皮尔逊相关系数和 Salton 余弦测度关系"的论文。

　　相对而言，科研合作更有利于丰富作者的研究主题。这三位学者都有很多的科研合作伙伴（见图 8-4）。从统计数据看，埃格赫、雷迭斯多夫和格兰采尔三位学者在本数据集中的合作率分别为 39.3%、58% 和 70%。与埃格赫合作最多的是鲁索（Rousseau），他们一共有 33 篇合著论文，约占其合著论文的 72%，他们合作的研究主题主要在信息检索、文献计量指标和文献计量定律三个领域。与雷迭斯多夫合作最多的是博恩曼（Bornmann）和卢茨

（Lutz），他们一共合作了 7 篇论文，其研究主题是影响因子和引文分析。与格兰采尔合作最多的是舒伯特（Schubert），他们一共有 12 篇合著论文，其研究主题涉及论文分类、国际合作、文献主题、机构绩效评价等。

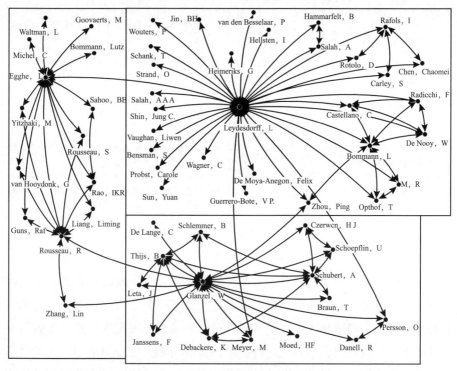

图 8-4　三位学者的合作网络

注：NodeXL（http://nodexl.codeplex.com）绘制。

结合作者的自引网络图可以发现，埃格赫自引网络中，节点点入中心度（in-degree）大于等于 9 的 5 篇论文中，有 4 篇是合著论文；雷迪斯多夫自引网络中，节点点入中心度大于等于 8 的 10 篇论文中，有 5 篇是合著论文；格兰采尔自引网络中，节点点入中心度大于等于 5 的 8 篇论文中，有 6 篇是合著论文。这反映出，埃格赫和格兰采尔自引网络中影响力较大的节点都是合著论文，雷迪斯多夫自引网络中影响力较大的既有合著论文，也有单独撰写的论文。从总体看，埃格赫合著论文对点入中心度的贡献占总体的

53%；雷迭斯多夫合著论文对点入中心度的贡献占总体的49%；格兰采尔合著论文对点入中心度的贡献占总体的73%。结合前面三位学者合著论文的比例可以看出，埃格赫合著论文在网络中影响力较大，雷迭斯多夫合著论文在网络中的影响力相对较小，格兰采尔合著论文在网络中的影响力基本持平。

8.3.2 三位学者网络计量指标的比较

1. 点度中心度

在有向网络中，每个节点的点中心度又分为点入中心度（in-degree）和点出中心度（out-degree）两类。

某个节点的点入中心度越大，表示网络中其他节点指向它的曲线数量越多，即它被其他论文引用的越多，它有网络中处于知识输出方。埃格赫的自引网络中，点入中心度小于等于3的节点有102个，约占总体的87%；雷迭斯多夫点入中心度小于等于3的节点有35个，约占总体的56.4%；格兰采尔点入中心度小于等于3的节点有38个，占总体的76%。点入中心度这种集中与分散的特点表明，在论文集合当中，埃格赫的大部分论文的被引次数相对较少，格兰采尔居中，雷迭斯多夫论文被引相对较多。

埃格赫自引网络中，点入中心度数值最大的是图8-1中的A62，其数值为27，即117篇文章当中有27篇论文引用了该文献，施引文献占了总体的23%。它研究的是h指数的信息计量模型。雷迭斯多夫自引网络中，点入中心度最大的论文是图8-2中的A28，其点入中心度是15，占施引文献总体的16%。它是对引用指标在科研和期刊评价局限性进行了深入研究。格兰采尔自引网络中，点入中心度最大的是图8-3中的A4和A21，其点入中心度均为10，它们占到了总体的40%。A4研究的是科学文献老化和接收过程的文献计量分析；A21是基于科学计量评价目的的学科分类模式。

某个节点的点出中心度越大，则表示某节点指向其他节点的曲线数量越多，即它引用其他论文的数量越多，它在网络中处于知识输入方。三位学者的点出中心度有表现也不相同。埃格赫和格兰采尔的点出中心度小于等于3的节点分别占总体的89%和80%，雷迭斯多夫占总体的61.3%。

埃格赫自引网络中，点出中心度数值最大的是图8－1中的A35，其点出中心度是6，即该论文引用了网络中的6篇论文。雷迭斯多夫自引网络中，点出中心度最大的论文是图8－2中的A62，其点出中心度是11，即它引用了网络中的其他11篇论文。格兰采尔自引网络中，点出中心度最大的是图8－3中的A23等7篇论文，其点出中心度均为5，即引用了网络中的5篇论文。这些论文比较多地引用了网络中的其他论文，一定程度上反映出它们比较多地吸引了前期的研究成果，通过它们的综述部分通过可以比较快地了解这篇论文与其他论文之间的关联性，掌握研究者在哪些方面有了新的进展。

2. 中间中心度

在自引网络中，中间中心度测量某篇论文影响网络中其他论文知识互相交流效率的程度。中间中心度较大的论文通常在网络中扮演"中间人"的角色，它们中研究者在早期研究成果与最新研究成果之间的"桥梁"。有些论文的中间中心度与点入中心度都较大，如埃格赫自引网络中的A62，其两个数值都是最大的。它是网络中其他论文之间产生联系的"桥梁"。有些论文的点入中心度虽然比较小，但是其中间中心度却比较大，如埃格赫自引网络中的A81，其点入中心度为1，点出中心度为4，中间中心度在所有论文中排在第3位，它引用了A14、A15、A62、A63共4篇论文，被A89引用。这5篇论文通过它建立了一定的联系。埃格赫自引网络中有46个节点的中间中心度为0，约占总体39%；雷迭斯多夫自引网络中有3个节点的中间中心度为0，只占总体的4%；格兰采尔自引网络中有10个节点的中间中心度为0，占总体的20%。图8－5是三位学者中间中心度不为0的数据都呈现为指数分布（为了便于比较，对原始数据进行了归一化处理）。

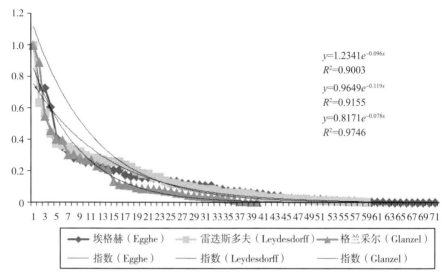

$y = 1.2341e^{-0.096x}$
$R^2 = 0.9003$

$y = 0.9649e^{-0.119x}$
$R^2 = 0.9155$

$y = 0.8171e^{-0.078x}$
$R^2 = 0.9746$

| 埃格赫（Egghe） | 雷迭斯多夫（Leydesdorff） | 格兰采尔（Glanzel） |
| 指数（Egghe） | 指数（Leydesdorff） | 指数（Glanzel） |

图 8 – 5　三位学者论文的中间中心度分布

3. PageRank 值

PageRank 的基本思想主要来自传统的文献计量学中的文献引文分析。它是对网页进行评价，为每个网页赋予一个衡量其重要性的值，并最后应用于检索结果的排序。在作者自引网络中，它不仅根据节点的引用和被引数量，同时考虑节点在网络中的重要性。利用 NodeXL 可以自动得到网络中每篇论文的 PageRank 值，孤立节点的 PageRank 值为 0。与点入中心度等指标相比，PageRank 值在表征节点重要性方面的区分度更好。对于点入中心度相同的节点，可以通过其 PageRank 值来区别其重要性。如埃格赫自引网络中的三个节点：A6、A14 和 A15 的点入中心度均为 9，但其节点的 PageRank 值分别为 2.074659、1.949801、1.871676。

从图 8 – 6 看，三位学者自引网线中节点的 PageRank 值整体都呈现为指数分布。埃格赫自引网络中有两个节点（A62、A63）的 PageRank 值分别为 6.148292 和 3.276908，还有 13 篇论文的 PageRank 值为 0，其余节点的 PageRank 值都在 0.32294 ~ 2.523773 之间。埃格赫、雷迭斯多夫和格兰采尔三位学者点入中心度与 PageRank 值的相关性分别为 0.92、0.74 和 0.81。这既反映了两个测度指标之间有较强的相关性，同时也反映出它们之间存在一定的差异。在利用指标对某一研究主题中论文的重要性分析时，要充分了解每个指标的内涵。

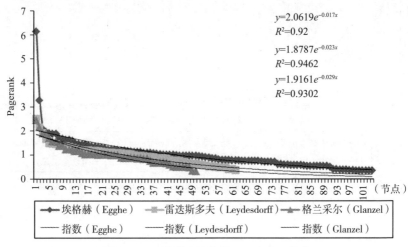

图 8 – 6　三位学者论文的 **PageRank** 分布

8.4　研究结论

自引网络是一类特殊的引文网络，它是由同一作者及其合作者发表的论文相互引用和被引所形成的网络。通过前面的研究发现：

（1）结合内容分析方法，可以基于引用关系来刻画出作者的研究主题，同时可以发现这些研究主题之间的相关性。

（2）从发文时间和论文之间的引用关系，可以观察作者研究轨迹的变化。

（3）通过不同网络的比较，发现不同学者相同的研究主题和各自的研究特色。

（4）利用点入中心度等定量指标，可以比较快速地发现自引网络中处于中心地位的论文，它们通常是研究者重要的有影响力的研究成果。

（5）不同的测度指标反映自引网络中每篇论文的不同网络属性，利用它们可以多角度地观察某个节点在网络中的重要性。

　　本书比较好地利用了作者论文之间的引用关系，但是在论文主题分析过程中主要还是采用人工的方式来进行，研究的效率比较低，今后将力争在论文内容分析自动化处理方面有所进展。另外，引文网络主要依赖于论文的引用关系，有时同一主题的论文由于没有引用关系，在利用 NodeXL 聚类时，其聚类结果可能会把同一主题的论文分散在不同类群当中，为了更好地刻画学者的研究主题，可以考虑用共词网络等多种方法的融合来解决这个问题。

| 9 |
基于期刊论文标题与共词网络的
学者研究主题创新研究

9.1 引　　言

期刊论文的标题是一方面作者表达其研究的内容、研究的主题、研究对象等相关信息的途径；另一方面，论文标题也是读者在文献检索或阅读期刊论文过程中，首先会选择的一个检索点和阅读点。有些学者专门针对论文标题为研究对象，从不同角度进行了相关研究。如化伯林（2007）对 1989 ~ 2005 年的 17 种图书情报学核心期刊上发表的论文的标题特征进行了较为深入的研究。研究发现，论文标题的长度符合正态分布，标题的句型相对比较集中。大多数作者会从标题中抽出 1 ~ 3 个关键词。标题中的停用词与动词分布相对集中，而题首词、题尾词以及题含关键词分布相对分散一些。纪学梅和王芳（2013）对"基于"一词在中文学术文献题名中普遍使用的现象进行了相关研究。她们研究发现，"基于"一词的使用呈现 S 型逻辑增长，增速虽有所放缓，但增长仍然迅速。"基于"一词的使用与学科的知识更新速度和对其他学科知识技术的借鉴能力相关，自动化和计算机技术学科使用"基于"一词最普遍。下面将通过对标题文本分析和共词网络两个方面，对学者研究主题创新进行探索性研究。

9.2 标题文本、共词网络与学者研究主题创新

9.2.1 标题文本与学者研究主题创新

标题文本虽然相对于摘要、正文等部分所包含的信息较少，但它往往有"画龙点睛"的作用。以时间为轴，通过比较标题文本中反映学者研究主题的词语来研究其研究创新。如下面是南京大学叶继元教授在 1991 ~ 2007 年发表的 5 篇论文。从中可以看出，这 5 篇论文都是有关"评价"这个较大的研究主题。但每篇论文聚焦的是其中的一个子主题的研究。第 1 篇的研究对象是期刊利用；第 2 篇探讨的是引文数据库精选来源期刊与学术评价之间的关系；第 3 篇是引文法的探讨；第 4 篇是对学术期刊定性评价和定量评价特点的研究；第 5 篇探讨的是学术期刊评价与学术质量之间的关系。这种研究主题的变化反映了作者在学术评价领域研究内容的不断创新。

《期刊利用的综合评价——南京大学期刊利用的调查与分析》，载《江苏图书馆学报》，1991 年。

《引文数据库精选来源期刊对学术评价作用的分析》，载《云梦学刊》，2004 年。

《引文法既是定量又是定性的评价法》，载《图书馆》，2005 年。

《学术期刊的定性与定量评价》，载《图书馆论坛》，2006 年。

《学术期刊的评价与学术研究质量的提高》，载《浙江社会科学》，2007 年。

9.2.2 共词网络与学者研究主题创新

共词网络与单纯的标题文本分析方法相比，它不仅能够反映关键词本身

的语词信息，还可以揭示出关键词之间的关系。通过对不同时间段的共词网络所呈现的信息进行比较，为定性分析学者研究主题创新提供一个定量的依据。笔者曾利用1998~2011年，《情报学报》论文关键词中"模型＋时间" 2模网络图。研究发现，论文所涉及的各种模型出现在不同时间点。根据模型出现的时间及其研究的问题可以对其从模型是否创新的角度来进行一些比较分析。本书采用相同的思路，对选择的研究对象的共词网络进行构建，然后在共词网络的基础上，结合可视化图形和网络定量指标来对学者研究创新进行探索性研究。

9.3 数据来源与数据处理

9.3.1 数据来源

本书选择中国南京大学叶继元教授和英国胡弗汉顿大学（University of Wolverhampton）的塞沃尔（Thelwall）为研究对象进行个案研究。叶继元教授为南京大学信息管理学院博士生导师，南京大学特聘教授（高层次学科带头人），曾为任国务院学位委员会第五届学科评议组（图书情报学）成员，教育部首届、第二届社会科学委员会委员等，在国内学术评价领域有较高的影响力。塞沃尔由于其在网络计量等领域的突出成就，获得了2015年的普赖斯奖。

本书分别从中国知网的期刊全文数据库和 Web of Science 采集相关数据。由于数据源单一，并没有全部把两位学者的论文信息全部采集，相关结论仅针对本数据集。

9.3.2 数据处理

本书的数据处理分为两个部分：一部分是对两位学者的论文标题进行处

理。叶继元教授的论文数据为中文信息，利用图悦（http：//www. picdata. cn/）为分词和可视化工具。塞沃尔（Thelwall）的成果多为英文论文，利用worditout（https：//worditout. com/word-cloud/create）为可视化工具。另一部分是共词网络的构建，本书利用 CiteSpace 作为共词网络构建工具。

9.4 数据分析

9.4.1 叶继元教授

1. 标题文本分析

从中国知网期刊全文数据库一共收集到叶继元教授的期刊论文 171 篇，其中第一作者 130 篇，非第一作者 41 篇。第一作者中，有 25 篇是会议综述、书评、会议纪要等非学术论文，在研究过程中剔除。最终以 146 篇论文为研究对象进行分析。图 9 - 1 是利用图悦自动生成的叶继元教授的论文标题的词云。

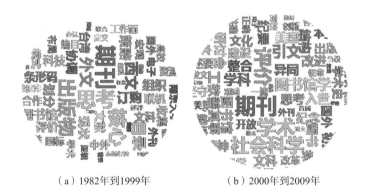

（a）1982年到1999年　　　　（b）2000年到2009年

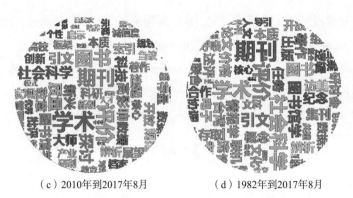

（c）2010年到2017年8月　　　　（d）1982年到2017年8月

图 9 - 1　叶继元 1982 年到 2017 年 8 月第一作者发文标题的文本可视化

（1）1982 年到 1999 年。这段时间，叶继元教授在南京大学图书馆工作，同时兼任图书馆学系《期刊管理》课程的讲课教授。1996 年为研究生导师。从图 9 - 1 看，叶继元教授主要是围绕期刊展开了一系列相关研究。他结合工作实践，研究主题涉及期刊管理、电子期刊采集、高校外刊资源布局、全国报刊联机合作编目、西文期刊目录、核心期刊等。1993 年，他率先提出"就国内而言，首先要创办社会科学和人文科学的引文索引"。1995 年，他在南京大学出版社出版了学术专著《核心期刊概论》，在百度学术，其被引达到了 154 次。该专著在 1998 年 12 月获教育部第二届人文社会科学优秀研究成果二等奖（一等奖空缺，二等奖全国仅 4 项，南京大学仅此 1 项）。他与北京大学合编的大型工具书《国外人文社会科学核心期刊总览》被我国著名图书情报学家组成的鉴定委员会评价为"是填补图书情报领域空白的科研成果"。《电子期刊收集策略探微》《核心期刊研究纵横》《外文电子期刊收集策略再探期刊管理研究的过去》《现状与未来和全国外文期刊协调工作的宏观思考——兼及全国期刊中心的建立》《关于"核心期刊"与"SCI 期刊"的思考》这 6 篇论文在中国知网期刊全文数据库中引用都达到了 15 次以上。

（2）2000 年到 2009 年。2000 年叶继元教授在美国堪萨斯大学进行访问研究和讲学，其间与国外学者合作，对国外期刊价格和全球网上中文人文社会科学期刊的现状进行了研究。从词云中可以发现，出现了图书馆学、评价、学科、社会科学、引文等主题。这是由于叶继元教授正式转入南京大学信息管理学院，兼任中国社会科学研究评价中心副主任，开始从事教学和科研工作。图书情报学教育成为其研究的一个新领域。其间，他还创立了《学术集刊引文数据库》。叶继元教授的研究领域也从图书馆期刊工作转向专门对学术期刊的研究，期刊论文成为其非常重要的一个研究主题。从这段时间相关论文的信息看，叶继元教授在对期刊评价的基础上，逐渐延伸到学科评价和学术评价，其学术影响力也从图书情报学扩展到人文社会科学。学术规范也是叶继元教授的一个研究领域。2005 年他在《学术界上》发表了《学术期刊与学术规范》，2005 年 8 月，在华东师范大学出版社出版《学术规范通论》。《论文评价与期刊评价——兼及核心期刊的概念》《学术期刊与学术规范》《中国百年图书馆精神探寻》《学术期刊的定性与定量评价》《图书馆学、情报学与信息科学、信息管理学等学科的关系问题》《中美大学图书馆电子资源利用调查之比较研究》，这些论文被引都在 50 次以上。

（3）2010 年到 2017 年 8 月。从 2010 年到 2017 年 8 月的词云看，除了期刊、学术、评价之外，图书、大师、质量这些词也成为其关注的对象。这段时间，叶继元教授一方面通过一些论文反思国内学术评价存在的问题，另一方面提出了"全评价理论体系"。他 2010 年在《南京大学学报》（哲学·人文科学·社会科学版）发表的《人文社会科学评价体系探讨》，被引 130 次，下载 2740 次，是他所有论文中被引和下载最多的论文，这也反映出他在这个学术评价领域的研究得到了广大同行的认可。这段时间，他对高层次创新人才评价机制、学术大师、创新学术质量评价也进行了相关研究。学术图书和学术著作的研究也是这一时期他所关注的研究对象。中国战略性新兴产业信息资源保障体系也是叶继元教授最近几年关注的一个新主题。《学术期刊的质量与创新评价》《引文的本质及其学术评价功能辨析》《图书情报学（LIS）核心内容及其人才培养》是这个时期得到学术同行认可较高的论文，其被引都在 15 次以上。

从这 3 个时间研究主题的比较看，叶继元教授是以"期刊"起家，从期刊评价慢慢拓展到学科评价、学术评价、人才评价。这种研究的范围越大，学术影响力也越大，但其创新的难度也越大。无论哪个时间段，"期刊"贯彻始终，体现了叶继元教授对核心基础研究始终没有放弃，不忘初心；也体现了期刊这一文献载体在学术评价方面的核心地位。从评价方法和研究到评价理论的提出，反映出叶继元教授的研究实现了从方法创新到理论创新。叶继元教授不仅在学术研究上创新，而且在学术成果的转化方面也有突破。如他主持了《中文图书引文索引·人文社会科学》示范数据库的建设工作。《中文图书引文索引》（CBkCI）将成为南京大学中文社会科学评价中心CSSCI又一个重要的产品。

图 9 - 2 是叶继元教授作为非第一作者完成的期刊论文的标题文本可视化结果。这些论文合作者绝大部分为叶继元教授的博士和硕士。从中可以看出这些研究也是围绕期刊、图书馆、图书、情报学这些研究对象展开的相关研究。同时在图 9 - 2 中还可以发现科技园、微博、仓储、高新技术等一些在图 9 - 1 中没有出现的词汇。从中可以发现，叶继元教授的这些合作者的研究对象和研究主题有了一些拓展。徐美凤与叶继元教授在关于"学术虚拟社区知识共享"的 3 篇论文被引都达到了 25 次以上。宋歌与叶继元合作的《基于 SNA 的图书情报学期刊互引网络结构分析》被引达到了 61 次，这从一个侧面反映出叶继元教授的学生在相关领域的研究也有较强的创新性。

图 9 - 2 2001 ~ 2017 年非第一作者标题文本可视化

图 9 - 1 和图 9 - 2 是利用图悦自动进行分词的结果，虽然可以通过它们较为快速地了解叶继元教授的研究主题、研究对象等信息，但该工具的词库用户无法修改，其分词结果对于专业文献并不是特别适合。如论文标题中的"全评价""学术规范"这样的专业术语被切分为："全/评价、学术、规范"。这样的结果对于一些有创新意义的概念是无法在词云中体现的。

2. 共词网络分析

图9-3是利用 CiteSpace 绘制的叶继元教授 1982～2017 年的共词网络图，主要呈现了叶继元教授 4 个研究领域。A 部分是他早期的研究，主要研究的期刊工作和外文资源的共建共享。B 部分是他到南京大学信息管理学院之后，在从事教学过程中，对图书情报学学科发展、人才培养等方面的研究。C 部分是其研究的重点，围绕期刊评价、学术评价的相关研究。D 部分内容图中只有一个南京大学图书馆，经核实，其他词包括了核心期刊、期刊总数、主题索引等，是他早期对核心期刊的研究。图中节点之间的连线代表了不同的时间点，蓝色和绿色是早期的研究内容，棕色代表的是近期的研究内容。通过这种颜色的区分可以了解作者研究主题的变化，通过这种变化可以分析作者研究主题的创新。

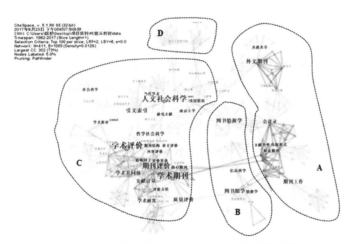

图9-3 叶继元教授 1982～2017 年共词网络图

表9-1是利用 CiteSpace 自动生成的词频统计结果和高中心性关键词信息。从表9-1可以看出，这两类词有一些是重复的，如人文社会科学、学术评价等。有些词是有差异的。如图书情报学出现的频次虽然排在第 7 位，但其中心性是最高的，这反映出它是很多研究主题都会涉及的一个概念，如对

图书情报学学术期刊的评价、图书情报学教育等，虽然是不同的主题，但是它们都会使用这个专业术语。

表 9 – 1 　　　　　　　　高频关键词和高中心性关键词（前 15 名）

序号	频次	关键词	序号	中心性	关键词
1	18	学术评价	1	0.28	图书情报学
2	18	学术期刊	2	0.18	会议录
3	15	人文社会科学	3	0.17	被引文献
4	13	期刊评价	4	0.15	人文社会科学
5	6	外文期刊	5	0.14	学术评价
6	6	引文索引	6	0.13	学术期刊
7	5	图书情报学	7	0.12	外文期刊
8	5	学术共同体	8	0.11	南京大学
9	5	文献计量	9	0.1	学术共同体
10	5	图书馆学	10	0.1	文献计量
11	5	期刊工作	11	0.1	SSCI
12	5	质量评价	12	0.08	期刊评价
13	4	会议录	13	0.08	引文索引
14	4	哲学社会科学	14	0.08	内容评价
15	4	学术研究	15	0.08	汇刊

9.4.2　塞沃尔教授

1. 标题文本分析

塞沃尔是英国伍尔弗汉普顿大学信息科学系的教授。他 1989 年在英国兰卡斯特大学获得理论数学博士学位。他从 2000 年开始在 *Journal of Documentation* 上发表了第一篇科学计量学领域的论文 "*Web Impact Factors and Search Engine Coverage*"。在 2002 年和 2003 年，他在 *Web of Science* 收录期刊上发表了 30 多篇论文。2004 年，他出版了第 1 本专著 *Link Analysis：An Information Science Ap-*

proach。在 2009 年，他出版了第 2 本专著 *Introduction to Webometrics*：*Quantitative Web Research for the Social Sciences*。2011 年开始，他和合作者一起关注社交网站（social web sites，如 Twitter、MySpace 等）。2014 年，他和合作者在科学计量学领域的优秀期刊上发表了 20 多篇论文。从塞沃尔的个人网站（http：// www. scit. wlv. ac. uk/ ~ cm1993/mycv. html）可以了解到关于他的成果的更详细的信息。从图 9 - 4 看，他与其合作者主要是围绕 web site 进行了链接分析的相关研究，对大学网站间的链接分析比较多。第 2 个阶段主要是对网络计量学、社交网站等展开了相关研究。

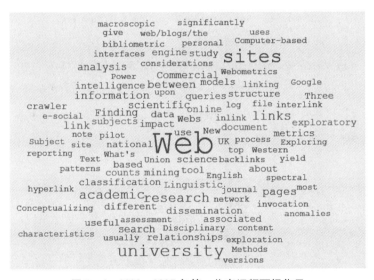

图 9 - 4　2000 ~ 2005 年第一作者词频可视化云

在 2000 ~ 2005 年，塞沃尔引用 60 次以上的 5 篇论文。第 1 篇和第 3 篇都是链接分析方面的论文。第 2 篇是网络计量学研究综述。第 4 篇是网络爬虫的设计。第 5 篇是探讨网站评价较高的学者是否更有显著的在线影响力。总体是这一阶段的研究是链接分析为主，而且他们注重网络链接领域的理论和方法研究。

（1） *Extracting macroscopic information from Web links*

（2） *Webometrics*（*Review*）

（3） *Conceptualizing documentation on the Web：An evaluation of different heuristic-based models for counting links between university Web sites*

（4） *A Web crawler design for data mining*

（5） *Do the Web sites of higher rated scholars have significantly more online impact?*

在 2006 年以后，被引最多的 5 篇论文都在 100 次以上。其中 3 篇都是情感分析方面的研究；第 4 篇研究的是替代计量学；第 5 篇是基于 MySpace 分析社交网站中的网友的性别和友情等进行分析。见图 9 – 5。

（1） *Sentiment in Short Strength Detection Informal Text*

（2） *Sentiment in Twitter Events*

（3） *Sentiment Strength Detection for the Social Web*

（4） *Do Altmetrics Work? Twitter and Ten Other Social Web Services*

（5） *Social networks，gender，and friending：An analysis of MySpace member profiles*

图 9 – 5　2006 ~ 2017 年第一作者词频可视化云

　　链接分析、引文分析、替代计量分析和语义分析都是他的研究主题。塞沃尔非常喜欢与其他学者合作，截至 2015 年他已经和来自 17 年国家的 140 多位作者共同撰写了科研论文。从图 9 - 6 看，参与的研究也是以 "web" "citation" "collaboration" "link" 等主题。

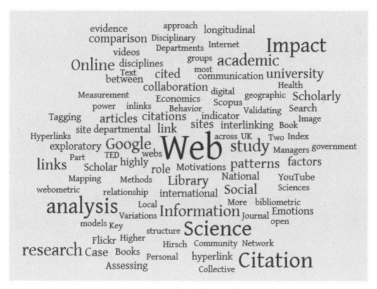

图 9 - 6　2000 ~ 2016 年非第一作者词频可视化云

2. 共词网络分析

　　图 9 - 7 是利用 CiteSpace 绘制的塞沃尔教授 2000 ~ 2017 年的共词网络图。

　　结合表 9 - 2 看，"bibliometrics" "citation analysis" "communication" "impact" "impact factor" "information" "internet" "search engine" 这 8 个词或短语同时出现。这些词反映出塞沃尔教授及其合作者的研究涉及引文分析、影响因子等科学计量学，也反映出他们在研究过程中是围绕 "internet" "search engine" 等网络环境和技术展开的相关研究。

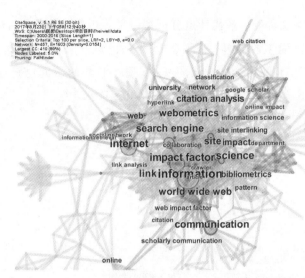

图 9 – 7　塞沃尔教授 **1982 ~ 2017** 年共词网络图

表 9 – 2　　　　　　　　　高频关键词和高中心性关键词（前 **20** 名）

序号	频次	关键词	序号	中心性	关键词
1	49	information	1	0. 22	citation
2	37	internet	2	0. 22	determinant
3	36	science	3	0. 21	media
4	36	impact factor	4	0. 2	communication
5	33	communication	5	0. 17	internet
6	29	search engine	6	0. 17	co word
7	27	site	7	0. 16	citation analysis
8	26	link	8	0. 15	impact factor
9	25	world wide web	9	0. 13	hyperlink
10	25	webometrics	10	0. 12	information
11	22	citation analysis	11	0. 12	bibliometrics
12	18	impact	12	0. 12	motivation
13	15	bibliometrics	13	0. 11	impact
14	15	web	14	0. 11	trust

序号	频次	关键词	序号	中心性	关键词
15	12	site interlinking	15	0.1	search engine
16	11	university	16	0.09	information science
17	11	network	17	0.09	classification
18	10	scholarly communication	18	0.09	information retrieval
19	10	pattern	19	0.09	computer mediated communication
20	10	web impact factor	20	0.09	language、authorship

| 10 |

基于主路径分析的机构研究
主题创新的实证研究

10.1 引　言

　　创新是科学共同体获得社会承认的根本依据。把创新作为科学共同体的行为规范，是要求"科学研究成果总应该是新颖的。一项研究没有给充分了解和理解的东西增添新内容，则无所贡献于科学"。科研人员通过生产知识可以获得科学共同体和社会的承认与奖赏，创新成为科学家获得社会承认的根本依据。期刊论文是科研人员创新成果的一种重要表现形式。通过对期刊论文的内容可以了解其创新之处。盛杰（2011）、胡英奎等（2012）、朱大明（2011）从学术期刊编辑的角度，探讨了评价论文的创新性的一些具体做法和科技期刊论文创新性鉴审的四个基本要素。曹妍等（2017）利用德尔菲法构建了护理论文创新性评价指标体系。这些研究对于评价单篇论文的创新性提供了较为具体和科学的参考。但是，对于已经发表过的论文，后续研究者如何快速发现其研究内容的创新，这些方法就有较大的局限。本章尝试利用主路径分析方法和内容分析方法相结合的方式来对机构研究主题的创新进行探索性研究。

10.2 机构研究主题创新、机构
自引网络和主路径分析

10.2.1 机构研究主题创新

笔者认为，研究主题创新是一个相对的概念。在判断一篇期刊论文的研究主题是否有创新时，通常是将其与已有的研究成果比较之后得出的结果。这种比较除了时间因素之外，还涉及比较的范围和谁来做比较。对于一个期刊编辑，他收到一篇稿件后，首先会将该稿件与该期刊以往已经发表或录用的稿件进行比较，其研究主题有没有创新。如果有创新，就有可能通过初审环节；如果研究主题没有创新，就可能做退稿处理。对于一个审稿专家，他在审阅稿件时，会对稿件与其掌握的其他论文信息进行比较，判断该稿件的研究主题是否有创新。

判断论文研究主题创新应该包括三个层面的内容：第一是有没有创新；第二是在哪些方面有创新；第三是创新的程度。本书针对第一个层面进行研究。论文的研究主题通常是用专业术语来表述。如 A 论文的研究主题是共词分析方法；B 论文的研究主题是信息检索。这些专业术语可以来自论文的题名、摘要、关键词或全文等途径。如阿姆捷特等（Amjad et al.，2015）在对作者、期刊等进行排序时，将其分为多媒体检索、医学信息检索及数据库和查询处理 3 个研究主题。研究主题创新是对研究主题的比较、分析的结果。本书的机构研究主题创新是以某机构研究人员的期刊论文为研究对象，按其论文发表时间的先后顺序来分析其研究创新。

10.2.2 机构自引网络

本书认为，作者自引网络是指某作者及其合作者撰写的论文集合中，论文之间引用与被引所形成的引文网络。机构自引网络则是同一机构的研究者，引用自己的文献或者是引用同一机构内其他研究者的成果，而形成的引文网络。在本书研究的机构自引网络中，节点代表的是机构研究者发表的论文，节点的连线表示论文之间的引用关系。

通常情况下，一个研究者与同一机构同一学科的其他研究者之间由于空间等因素，相互之间的学术交流比较频繁，对彼此的研究主题较为了解，合作的可能性比较大。机构自引网络一方面反映出同一机构内的研究者，在其从事科学研究过程中，其关注的知识在自己和同一研究机构研究者之间的知识传输的过程。同时，它还相对客观地反映了同一机构研究者的研究主题的变化。

10. 2. 3　主路径分析

主路径分析最早是由哈蒙和德雷恩（Hummon & Dereian，1989）从网络连通性出发提出的，其主要目标是通过识别出引文网络中具有最大连通度的系列文献来概述研究领域的发展态势以及领域演化过程中的主要文献、主要人物与主要事件。戈夫曼（Ggoffman，1966）、雅恩等（Jahn et al.，1972）的研究表明：一个专业是由其历史发展中出现的为数不多且极其重要的事或人所定义的，这一结论为引文网络主路径方法的产生提供了理论支持。

主路径分析的理论前提是将引文网络看作一个输送知识信息的渠道系统。如果一篇论文能够把之前一些论文的知识整合到一起，并且为新知识的增长做出实质性贡献，那么这篇论文就有可能被大量引用，而且有可能使此后再引用此前的论文变得有点多余。因此，这种论文就成了渠道系统中的重要枢纽，大量知识信息从此处流过。韩毅和金碧辉（2012）深入分析了引文网络主路径分析方法的产生背景、基本内涵与算法实现，并总结主路径分析在理论及应用研究中存在的主要问题。隗玲和方曙（2016）研究发现，学者们对主路径方法已有的修正和拓展工作主要聚焦于主路径方法的选择原则、搜寻起点的确定和弧的权重设置3个部分。

从韩毅（2013）、祝清松（2014）、宋歌（2015）等研究看，主路径分析方法可以帮助研究者快速从引文网络中发现重要的研究成果，并且能直观地反映出研究成果之间的引用和被引关系。

10.3　研究思路、研究工具与方法

10.3.1　研究思路

（1）收集数据。以某个机构名称为检索对象，从特定引文数据库中获取其论文数据。由于数据格式和处理工具的局限，本书研究的数据仅能使用采集自 Web of Knowledge 平台的期刊论文数据。

（2）数据处理。从 Web of Knowledge 收集的数据，利用 HistCite 软件的 Graph Maker 功能可以快速生成数据对应的引文网络。引文网络的网络格式数据可以直接保存成 . net 文档。同时，利用 HistCite 软件还可以自动统计出每篇论文的局部被引、全局被引等相关数据，为后续的数据分析提供数据支持。". net" 文档可以直接导入 Pajek 软件中做进一步的处理。在 Pajek 中可以直接获取每篇论文的点度中心度等网络计量指标，并可以生成可视化的引文网络图。

（3）数据分析。结合利用 Pajek 生成的引文网络图和每篇论文的相关数据，可以进一步分析论文在整个引文网络中所处的位置；通过对论文原始信息可以确定其研究主题，结合论文的时间属性来分析机构研究主题的创新。

10.3.2　研究方法

本研究应用主路径分析方法（main path analysis，MPA）对引证网络进行研究。主路径分析方法是一种用于分析时间流的特殊技术。引文网络可以看作是一个输送科学知识或信息的渠道系统。知识如果通过引文关系而流动，那么参与许多论文之间路径的某个引文关系，就要比很少参与论文之间路径的另一个引文关系重要。那些最重要的引文关系就形成了一条或多条主路径，

这可能是一项研究传统的骨架。

Pajek4.06 版本与以前版本的功能有一定差异，新版本中提供了主路径分析的不同方法供用户选择。如：

（1）Network – Acylic Network – Create Weighted Network + Vector – Traversal Weights – Search Path Count（SPC）/ Search Path Link Count（SPLC）/Search Path Node Count（SPNP）

（2）Network – Acylic Network – Creat（Sub）Network – Critical Path Method – CPM

隗玲和方曙（2016）对这些不同的方法进行了具体的解释。本书利用第2种方法来寻找引文网络中的主路径。

10.4　实证研究

10.4.1　数据获取

本书以 Web of Science 核心合集为数据源，选取印第安纳大学在信息科学和图书馆学 1986～2017 年发表的论文。最终检索结果为 731 条记录。具体检索式如下：

地址：Indiana University。

精练依据：Web of Science。类别：Information Science Library Science。

时间跨度：1986～2017 年。索引：SCI – EXPANDED，CPCI – S，CPCI – SSH，CCR – EXPANDED，IC。

从图 10 – 1 可以看出，1990～1996 年，其发文数量呈现为一个快速增长的趋势；1997 年开始有一个下降，但其整体保持在 20～40 篇之间，少数年份达到了 50 篇。这从一定程度上反映出印第安纳大学在信息科学和图书馆学领域的论文数量较为稳定。

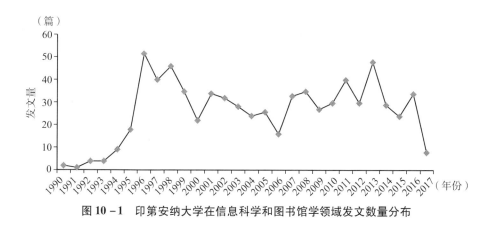

图 10 – 1　印第安纳大学在信息科学和图书馆学领域发文数量分布

本研究首先使用了 Histcite 作为研究工具，自动生成了 731 篇论文的引文网络，并将引证网络原始数据保存为 ". net" 文档，再导入 Pajek 进行后期处理。

10.4.2　数据分析

1. 引证网络整体分析

点度是指一个节点所拥有的连线数量，它是一种离散属性。在引证网络中，它表征一篇论文引用其他论文或被其他论文引用的数量。Pajek 的分区功能（partition），可以计算出每个节点的度数（包括引用网络中其他论文的数量和被其他论文引用的数量），也可以单独计算。在整个引证网络中，有 731 个节点，497 条连线，其密度为 0.0009，节点平均度为 1.3598。这些数据反映出此引证网络中论文之间的引用关系并不是特别密切。从表 10 – 1 看，点度为 0 的节点有 382 个，占总体的 52.26%，即有一半以上的论文与其他论文之间没有引用和被引的关系；有 133 篇论文与其他论文之间的引用和被引只有 1 次，这反映出印第安纳大学的学者在 LIS 领域的引用行为存在着集中与分散的现象。

表 10 - 1　　　　　　　　　网络中各个节点的点度分布情况

聚类编号	频次	频次比例（%）	累积频次	累积比例	代表文献
0	382	52.2572	382	52.2572	1　Puttapithakporn S, 1990
1	133	18.1943	515	70.4514	4　Nisonger T E, 1992
2	93	12.7223	608	83.1737	43　Rosenbaum H, 1996
3	36	4.9248	644	88.0985	37　Overhage J M, 1995
4	29	3.9672	673	92.0657	159　Harter S P, 1998
5	14	1.9152	687	93.9808	226　Mostafa J, 2000
6	9	1.2312	696	95.212	198　Cronin B, 1999
7	7	0.9576	703	96.1696	175　Mostafa J, 1998
8	8	1.0944	711	97.264	119　Cronin B, 1997
9	9	1.2312	720	98.4952	176　Cronin B, 1998
10	1	0.1368	721	98.632	544　Yan E J, 2011
11	4	0.5472	725	99.1792	259　Cronin B, 2001
12	3	0.4104	728	99.5896	233　Kling R, 2000
13	1	0.1368	729	99.7264	306　Borner K, 2003
14	1	0.1368	730	99.8632	526　Ding Y, 2011
15	1	0.1368	731	100	578　Lariviere V, 2012

　　从统计结果看，剔除孤立节点之后的部分规模较小的连通子网络中，节点数量大部分在 2～6 个之间，但有一个包含 238 个节点的最大连通子网络。本书将最大连通子网络中的 238 篇论文按其发表时间分为 5 个时间窗口：1992～1997 年、1998～2002 年、2003～2007 年、2008～2012 年和 2013～2017 年。然后利用 Pajek 绘制了 5 个时间窗口内论文间引证网络的变化情况。从图 10－2 看，第 1 个时间窗口只有 10 篇论文，其中有两篇有引用关系，另外 8 篇都是孤立的节点。第 2 个时间窗口有 56 个节点，这 56 个节点已经形成了一个较大的连通网络。第 3～第 5 个时间窗口的节点数分别为 111 个、181 个和 238 个。随着时间的推移，论文间由于引用关系，越来越多的论文

节点连接起来，最终形成一个较大的连通网络。从论文引用的角度看，连通子网络反映了其研究主题之间的延续性，而孤立节点则反映其研究主题之间的分散性。

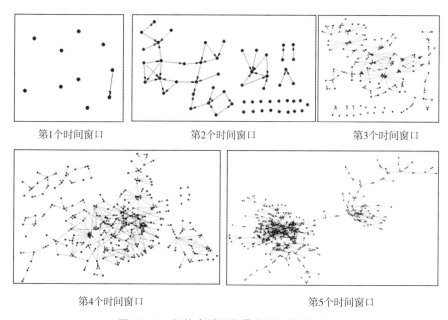

图 10-2　机构自引网络最大子网络的变化

本书根据节点的点入中心度和点出中心度，将 238 个节点分为三种类型。

（1）知识输出型论文。这种类型节点的点出中心度大于点入中心度（两者差值大于等于 3），约占总体的 14%。这些论文是该机构某个研究主题的早期研究成果，对后续的相关研究有引领作用。如 41 号论文，它被网络中的其他 9 篇论文引用，但是没有引用其他论文。该文提出了一个解释决策支持系统功能绩效的新模型。

（2）知识吸收型论文。这种类型节点的点入中心度大于点出中心度（两者差值大于等于 3），约占总体的 13%。这种类型论文通常是对前期比较多的研究成果梳理的基础上，形成的较新的阶段性研究成果。如第 148 号论文，它引用了网络中的 10 篇论文，但只被其他论文引用 1 次。该文在社会临场感理论等基础上提出了一个合作研究的整合理论模型。

（3）知识吸收与输出均衡论文。这种类型节点的点入中心度与点出中心度相关不大（两者差值小于等于2），约占总体的73%。这类论文是机构中间阶段的研究成果。如126号论文，它引用的网络中的3篇论文，被网络中其他5篇论文引用。该文是作者对他在1999年提出的媒介同步性理论（media synchronicity theory，MST）的进一步完善和拓展。

笔者认为，从整个引证网络的视角看，在被引频次接近的情况下，知识输出型论文的创新性较高，其次是知识吸收型论文，最后是知识输入与输出均衡型论文。依据这个标准对论文创新程度进行比较时，需要选择同一个时间窗口的同类论文进行比较。如知识输出型论文发表的时间较早，其被引次数较多可能来源于时间的累积优势。单独通过被引频次来比较知识输出型论文和知识吸收型论文是不合理的。

2. 主路径分析

当节点数较少时，可以通过观察网络结构中节点所处的位置来判断一篇论文在引证网络中的地位和作用。但当节点数较多的时候，快速从网络中寻找一些重要的论文难度就会加大。本书首先利用Pajek对238篇论文进行处理，最终得到图10-3。

根据论文内容，本书将图10-3中的期刊论文分为以下6个研究主题。

（1）电子期刊与学术交流。这方面的4篇论文发表在1996~2000年，代表性人物是哈特（Harter）。文献50和文献159从期刊论文参考文献等角度研究了电子期刊对学术交流的影响。文献197和文献227研究了学术交流中电子期刊出版的政策和实践。结合该数据集整个引文网络看，文献50、文献159、文献197和文献227被引的次数分别为2次、3次、6次和2次，这反映出该机构在这个领域的还有一系列相关成果，该方法只是呈现出了少部分的论文。另外，文献159和文献197的全局被引达到了53次和72次，这反映出这两篇文献同时也得到了机构外学术同行的认可。

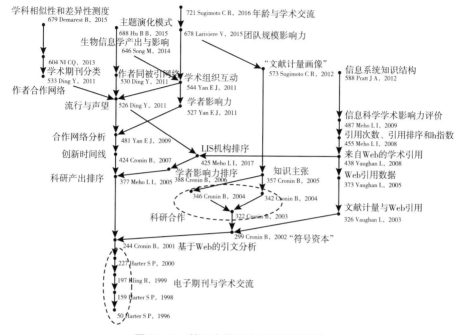

图 10 - 3　基于主路径分析的引证网络

注：图中中文内容为手工添加。

（2）Web 引用。在 2001～2008 年，网络引用成为印第安纳大学部分学者关注的一个研究主题。其代表人物是克罗宁（Cronin）和沃恩（Vaughan）。从图 10 - 3 可以看出，文献 244 在网络中占据了一个较为重要的地位，它对网络中其他相关研究起到了比较重要的引领作用。克罗宁（Cronin，2010）认为，基于 Web 的引文分析为文献计量学领域带来了新的机遇。该文既是对其机构内其他同行相关研究的一个总结性延续，同时也成为后续相关研究的一个基础。该文在网络结构中起着一个承前启后的重要作用。克罗宁（Cronin，2010）的论文标题中使用了符号资本的概念，但其实际上是利用引文次数、Web 点击率和媒体提及率 3 个指标对 25 位学者进行了相关性分析。文献326、文献 373 和文献 438 中，沃恩（Vaughan）及其合作者肖（Shaw）对 LIS 领域的学术期刊的 46 种期刊、4 个学科的 Web 引用数据和来自 Web of Science（WoS）、Google 和 Google Scholar 的引文数据进行了相关研究。这些研究是目前图书情报领域比较热门的"替代计量学"的研究内容。从余厚强和邱均平（2013）的研究看，替代计量学的概念是普里姆（Priem）在 2010 年提出的。克罗宁（Cronin）等人实际在 2001 年开始就展开了相关研究，也体现了他们研究的创新性和前瞻性。

（3）科研合作。在 2003～2005 年，利用文献信息研究科研合作成为其研究主题。代表人物是克罗宁（Cronin）。如沃恩（Vaughan）和肖（Shaw）等利用传统的文献计量学方法对心理学和哲学领域的科研合作、20 世纪化学领域的合作模式、科研合作对学术写作的影响等进行了相关研究。拉里维耶尔（Lariviere）等通过作者数量、地址数量和国家数量 3 个指标对团队规模对学术影响力影响进行了研究。他们研究发现，团队规模越大，作者分布越广泛，其论文获得的被引次数越多。

（4）学术影响力评价。在 2005～2009 年，以梅霍（Meho）为代表的学者等利用传统文献计量学指标和方法对科研人员和机构的学术影响力进行了相关研究。如梅霍对 LIS 的科研人员和机构的科研产出、利用 h 指数对信息科学家的学术影响力、基于 Web of Science、Scopus 和 Google Scholar 的 3 个数据源对 25 个 LIS 领域的科研人员的学术影响力；基于 Scopus 和 Web of Science 数据对随机挑选的 80 位 LIS 研究人员进行了相关研究。从论文引用的角度看，其对后续的相关研究也产生了较大的影响。

（5）学术网络分析及应用。从 2009 年开始，学术网络的研究成为该机构的一个研究主题。代表人物是晏乐伽和丁颖等。他们从网络视角对各类学术网络进行了相关研究。如他们利用网络中心性指标研究了合作网络；利用 PageRank 算法研究了作者影响力；基于引文网络和合作网络研究了学术组织间的互动；利用有权值的 PageRank 算法和作者引证网络研究如何测度学者声誉和影响力；基于主题的 PageRank 算法研究了作者的引文网络等。与传统的文献计量学研究相比，这类研究充分利用了社会网络分析、复杂网络和计算机科学等领域的研究成果与文献网络有机结合，是文献计量学领域一个较新的研究方向。

（6）其他方面。在整个网络中，还有一些较为特别的研究主题。如普拉特（Pratt，2012）等对信息管理系统 25 种学术期刊的数据，利用共引分析、多维尺度分析和主成分分析等方法研究了该领域的知识结构。普拉特的研究参考了梅霍（Meho，2009）的研究内容，两篇研究主题虽然有一定差别，但在数据来源方面有一定的共性。杉本和克罗宁（Sugimoto & Cronin，2014）通过作者风格、学术产出效率与模式、合作模式等信息对 6 位杰出的文献计量学家进行了"文献计量画像"。杉本（Sugimoto，2016）等对社会学、经济学和政治学的 1000 多位学者的年龄与其科研产出、合作和影响力之间有关系进行了定量分析。这些成果都是以论文原始信息和被引信息为基础，针对不同的研究问题进行了相关研究。

上面 6 个研究主题是印第安纳大学研究人员在不同时间段选择的研究内容。从中可以看出，其研究有一定的稳定性，在研究内容方面又在不断创新。在图 10 - 3 的 33 篇论文中，只有 5 篇论文是一个作者，其他都是两个或两个以上的作者共同完成，这反映出其研究人员之间非常重视科研合作。这种知识的传承和发展，也使其在国际信息科学领域占据了一席之地。

10.5　研究结论

本书尝试利用主路径分析方法，快速从一个比较大的网络中提取了一部分引用关系更为密切的文献，通过这些文献的内容分析来对机构研究主题创新进行了比较分析。这种方法还可以应用在更微观的学者引文网络或更宏观的地区、国家引文网络的研究。这种方法由于只是基于主路径分析方法快速发现引用关系比较紧密的一些文献，因此并不能反映机构研究主题的全部内容。

研究主题创新的分析依赖于对论文原始信息的解读，对于少量文献，采取人工方式有一定的可行性，但如果是对大量文献的处理，则需要借助于一些更为有效的自动化、智能化处理手段。人工方式有较强的主观性，单纯用一个词语来概括论文的内容不能保证其全面性和准确性，这些方面在今后的研究中需要进一步改进和完善。

基于内容分析的国内图书情报学
研究方法创新分析

11.1 引　言

研究方法是人类进行科学研究的思维形式和研究手段，是构成一门学科的重要的科学要素。不形成一整套科学系统的方法论体系，就不可能建设一门成熟系统的学科，国内外很多学者对图书情报学领域的研究方法进行了一系列相关研究。

美国长岛大学储荷婷（2015）对 *Journal of Documentation*、*Journal of the American Society for Information & Technology* 和 *library & Information Science Research* 等三种期刊 2001~2010 年发表的 1162 篇论文的研究方法进行了内容分析。她研究发现，图书情报学领域的学者比以前采用了更多的研究方法。与以前相比，内容分析、实验方法和理论方法成为这个领域选择较多的研究方法。她认为应该通过教育、训练等方式让研究者更好地理解研究方法，以便能够帮助他们更好地从事科学研究。南开大学的王芳和王向女（2010）构造了情报学研究方法的分类标准，她们把情报学研究方法分为：实证研究、一般理论研究、规范研究、计算机信息相关技术方法和其他共五种类型。她们研究发现，1999~2008 年，我国情报学研究方法的科学化与理论化趋势正在逐年增强。

从储荷婷教授的文献综述的内容看，图书情报学领域的学者在对研究方法研究时可以分为三大类。第一类是以伯恩哈德（Bernhard，1993）和鲍威尔（Powell，1999）等为代表，他们是对图书情报学领域的研究方法进行文献调研，然后将其进行归纳。第二类是以菲德尔（Fidel，1993）和埃尔德雷奇（Eldredge，2004）等为代表，他们侧重于对定量研究方法的比较研究。第三类是以菲德尔（Fidel，2008）和马来（2012）为代表，他们重点关注的是在研究者在数据收集和分析时，同时使用多种研究方法。从王芳和王向女（2010）的研究看，国内学者在图书情报学研究方法领域，以理论分析或规范性研究为主，量化的实证分析的成果较少。

借鉴国内外学者的相关研究，本书将聚焦于图书情报学领域的某种具体的研究方法，从方法创新的视角进行研究。通过本研究，为研究人员更好地理解方法创新提供一个较为系统的思路。

11.2　研究方法创新的分类及其分析流程

11.2.1　研究方法创新的分类

从相关文献的梳理看，国内哲学和社会科学领域的学者对研究方法创新研究较多。笔者认为，根据他们的研究范围可以为分三种类型。

第一类是对整个哲学科学社会领域研究方法创新的探讨。这方面的研究通常是对哲学社会科学领域研究方法整体情况的分析和归纳，提出的建议或对策有一定普适性，研究的视角也不尽相同。刘金伟（2004）论述如何用复杂性思维推进社会科学研究方法的创新。袁振国（2006）通过回顾学术史上由于注重研究方法创新而取得学术成果的例子，论述了方法创新的重要性。薛其林（2003）认为，学术方法上的东西、古今、各学科之间的多层次立体的融合与创新则无疑是推进民国时期学术进程的内在动力和代表民国学术的显著特征。叶继元（2009）分析了中国哲学社会科学研究方法创新的现状及存在的问题，并提出了相应对策。宫留记（2009）纯科学资本与制度化科学资本的关系的视角，研究了哲学社会科学研究方法创新的制约因素。

第二类是对某个学科研究方法创新的研究。这类研究通常都是对一个学科领域研究方法梳理的基础上，分析研究方法存在一些问题，并提出一些有针对性的举措。从相关研究成果看，研究对象的范围比较广泛。李亚明（1995）在对训诂学各类研究方法分析的基础上，探讨了传统研究方法的继承与创新。顾钰民（2003）对经济学研究方法演变和现实分析的基础上提出，应以研究方法的综合作为经济学研究方法创新的着力点。景玉琴（2007）重点分析了中国经济学研究方法创新应注意的三个问题。她认为，国内经济学研究的出路既不是排斥主流经济学，也不是在其主导下亦步亦趋，而是迎头赶上，结合国情发展我们自己的基础理论研究。钱江（2009）从新制度主义经济学的历史发展和理论入手，具体阐述新制度主义经济学的研究方法和创新之处。刘大椿和杨会丽（2011）认为，哲学研究的方法也超越了传统的思辨、逻辑与语言分析方法，重视直觉和顿悟的现象学方法，以及类似自然科学研究的人类学方法走上前台，多元化的方法追求成为实现哲学创新的重要途径。陈力丹（2011）认为，国内新闻传播学在研究方法上的整合方向，除了证实研究的量化分析与质化分析的结合外，更为长远的整合，应该是人文—历史—哲学的思维方式与"科学方法论"的思维方式的结合。刘艳（2012）提出了用复杂性思维推进教育科学研究方法的创新的具体做法。杨淑萍（2006）在对图书馆学专门方法研究的现状分析的基础上，提出了图书馆学研究方法的创新举措。林晓英（2008）回顾了图书馆学研究方法的创新历史。她认为，图书馆学研究方法的创新应致力于思维创新和结合问题创新两个方面。张秀岭（2012）认为，图书馆学的研究方法必须突破传统的束缚，将图书馆学理论外延化和内涵深入性两方面进行有机整合研究，将是未来图书馆学理论研究的发展导向。

第三类研究是对某个领域或某个问题研究方法创新的研究。这方面的研究更加微观和具体，更有针对性。如方孜和王刊良（2002）提出了5P4F电子商务模式的分析方法和企业电子商务模式创新方法。叶继元（2005）认为，宜用新的研究方法来研究当代学术史。宗诚和马海群（2007）在对相关研究方法梳理的基础上，提出一个信息法学研究方法的多元化的创新方案。隋福民（2007）以会议综述的形式介绍了各位专家对经济史研究方法重要性和创新紧迫性的不同观点。谭泽明（2011）在对中国新闻史研究方法回顾的基础上，提出了创新中国新闻史研究方法的三条路径。王佳宁和莫远明（2012）论述了科学发展观视野的智库研究方法创新。王薇和李燕凌（2013）研究了农村公共服务绩效评价方法创新。李芳（2015）从方法论的角度，探讨了当代中国钢琴音乐研究中存在的研究方法缺陷，为中国钢琴创作、表演与教学研究了提供新的发展视角。

南京大学叶继元教授（2005）认为，研究方法创新是指在原有方法基础上的生"新"，不是指单纯的"无中生有"，它应该包括三种类型。一是在原有方法启发下，提供前人或他人没有使用过的方法，这是严格意义上的方法创新，创新层次最高。二是首次将其他学科的研究方法应用到本学科、领域与项目中。三是综合集成几种方法形成新的方法。

这三种都属于方法创新，都有利于产生新的成果，但创新的程度有所不同。这种研究方法创新的分类是基于研究问题、研究对象或研究主题的。它比较适合对于某个学科、某个领域研究方法之间的比较，而且方法的创新有一定的时间属性、空间属性和学科属性。从时间角度看，无论是哪种创新类型，后来出现的方法相对于以前的方法可以看作是创新。从空间角度看，通常把国外研究方法引入国内，或者是国内研究方法介绍到国外，都看作是方法创新。从学科角度看，把一个学科的研究方法引入另一个或多个学科时，也认为是研究方法创新。

笔者认为，研究方法的研究可以分为两种类型。一种类型是针对方法自身的研究。它侧重于从方法论的角度，研究方法的概念、原理、优点和不足，方法的改进等方面。这类研究可以是针对一类研究方法的研究，也可以是对某一种研究的研究。如陈衍泰等（2004）将各学科领域的综合评价方法归纳、分类，讨论了各类方法的基本原理、优缺点及适用领域，并论述了综合评价方法研究的新进展，指出目前综合评价存在的突出问题。张存刚（2004）等介绍了社会网络及其基本结构特征和社会网络分析的主要概念，归纳了两种分析取向及其基本特征。另一种类型是方法的应用研究。它侧重于利用方法来解决具体问题。如袁毅和王晓光（2011）以"开心网"为研究样本，构建了社会化媒体营销影响因素结构方程模型，并对影响因素及相互关系进行分析。宋艳辉和武夷山（2014）利用作者文献耦合分析方法研究了21世纪以来情报学的知识结构。这两种研究类型的出发点不同，创新的途径也存在一定的差异。

基于这两种研究类型，笔者认为，可以将研究方法创新分为方法论视角的创新和应用视角的创新两大类型。另外，期刊论文除作者、题名和关键词等信息外，还可以结合论文的摘要和正文来确定其研究类型、研究主题、研究对象、研究范围、研究工具、数据源、研究方法等属性。基于期刊论文这些属性，可以从微观层面来构建一个研究方法创新的分类体系（见图11-1）。

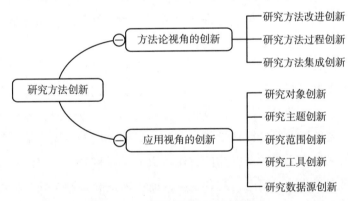

图11-1　研究方法创新分类体系

11.2.2　研究方法创新分析的流程

研究方法创新是一个相对的概念，只有通过比较才能实现期刊论文研究方法创新的判断。图11-2是本书提出的研究方法创新分析流程。这个分析流程分析的对象是使用共词分析、社会网络分析、共引分析等研究方法的期刊论文。

图 11 - 2　研究方法创新分析的流程

1. 数据源选择

目前，国内外有许多期刊论文全文数据库和引文数据库。国内的如中国知网、万方、维普、中文社会科学引文索引（CSSCI）、中国科学引文数据库（CSCD）等，国外的如施普林格（Springer）、威立（Wiley）、Emerald、Web of Science、爱思唯尔（Elsevier）的 Scopus 等。数据源的选择由研究目的来确定。如果是对国外某种研究方法创新的研究，就选择国外的数据库；对国内某种研究方法创新的研究，就选择国内的数据库；如果是对国内外综合研究，就需要同时选择国内外的数据库。因为本研究所需的有些信息需要从论文全文中获得信息，因此数据源一定要选择期刊全文数据库。同时，可以利用引文数据库的被引频次等信息来选择部分期刊论文为研究对象。由于每个期刊论文数据库收录范围不同，如果需要更加全面的分析，那么就要同时选择多个数据源作为数据来源。

2. 数据采集

在收集到期刊论文全文及其二次信息之后，先将其分为研究方法研究和研究方法应用研究两大类。对于研究方法应用研究的论文，要从其二次信息和全文中抽取出研究对象、研究范围、研究主题、研究工具等信息。

3. 研究方法创新分类

本书研究方法创新的研究是以收集的期刊论文作为一个数据集，然后以最早出现的文献为参照物，后续出现的论文与其进行比较，然后以时间为顺序，来分析后续出现的论文的创新。论文的创新以图 11 - 1 的分类体系为标准。

4. 研究方法创新的分析

研究方法本身研究创新主要从改进性创新、过程创新和集成创新三个方面分析。应用性研究论文的研究方法创新的分析可以是对单个创新信息的分析，如研究工具、研究范围等，也可以综合考虑。同时，也可以将创新类型与期刊、作者等综合信息进行分析。

11.3 实 证 分 析

11.3.1 数据源

本书实证部分以中国知网的期刊全文数据库和万方数据为数据源，检索条件是题名中包含"共词分析"，最终以检索到的 181 篇论文为研究对象。这些论文当中，共词方法本身研究的有 33 篇，约占总体的 18.2%；共词方法应用研究的论文有 148 篇，约占总体的 81.8%。从图 11 - 3 可以看出，这些论文呈现出较为明显的"二八"分布，即研究方法应用论文较多，而且研究方法本身研究的成果相似较少。这也从一定程度上反映出研究方法本身的创新的难度要大于研究方法的应用研究的创新。

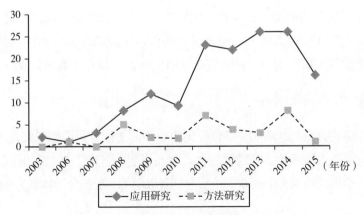

图 11 - 3　期刊论文方法研究类型数量分布

11.3.2　数据分析

1. 方法论视角的创新

在 33 篇方法论视角研究的论文当中，根据其研究内容又可以分为：研究综述、文献计量、方法实现、方法比较和方法改进共 5 种类型。

（1）研究综述。研究综述是研究人员在方法研究过程中经常出现的一种研究类型。这类研究的创新之处在于对文献信息的综合、提取和凝练，它们可以让研究者快速了解一个领域研究的现状和发展的方向。从图 11 - 4 看，在这 6 篇论文当中，冯璐和冷伏海（2006）的创新之处是把国外 20 世纪 70 ~ 90 年代的共词方法的研究划分为 3 个阶段。钟伟金等（2008）的创新之处在于对相关文献梳理的基础上，比较早地归纳了共词分析的过程，并对类团分析、共词聚类分析的原理与特点进行论述。李颖等（2012）的研究与前期研究成果相比，其国外成果的综述中增加了 20 世纪 90 年代之后的一些国外文献，同时对共词分析的不足进行了一定程度的剖析。唐果媛和张薇（2014）的研究则是在研究方法上有一定的创新。她们综合应用了人工判读法、文献计量法和对比分析法，从定性和定量两个角度对国内外共词分析法研究进行了比较，研究得更加精细。

（2）文献计量。文献计量是图书情报学领域的一种重要研究方法。与研究综述相比，它除了通过关键词信息来分析文献内容之外，比较侧重于对文献来源、作者、机构等信息进行计量分析，使研究者能够快速了解某领域的重要期刊和重点人物等相关信息。如廖胜姣和肖仙桃（2008）创新之处，在于比较早地以 Web of Science（WoS）和中文科技期刊数据库（维普）这一数据源，分析了国内外共词分析领域的高生产力的作者、国家、机构、期刊等信息及被引频次最高的几篇论文的特点。而范少萍等（2013）是以 WoS 和 CNKI（学术期刊数据库）对共词分析相关文献的增长与分布、学科分布、被引分析、作者分布、高频关键词进行分析。与廖胜姣等人相比，其选择的数据源不一样，同时选取的数据时间范围也不同，分析了一些较新的文献。王飒和包丽颖（2014）的创新之处则在于利用 CiteSpace 分析了 WoS 中共词分析的一些重要文献，并对共词分析的主要聚类方法进行了分析。

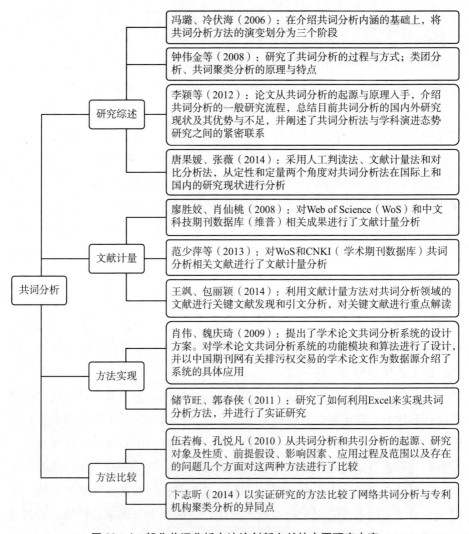

图 11-4　部分共词分析方法论创新文献的主要研究内容

（3）方法实现。共词分析应用过程中的一个重要工作是共词矩阵的构建。矩阵的数据无法直接从数据源中获取，而需要研究者利用一些工具和方法来实现。肖伟和魏庆琦的创新之处在于提出了学术论文共词分析系统的设计方案，并对学术论文共词分析系统的功能模块和算法进行了设计。这代表了方法实现的一种途径，就是研究者利用自己的计算机知识，使用专门的工具来开发相应的系统。另一种方法则是利用现成的工具，进行共词分析。如储节旺和郭春侠（2011）利用 Excel 为共词分析和实现工具，并以国内图书情报学知识管理研究热点作为实例进行了实证分析。虽然后期由于出现了大量的可视化工具，研究者利用 Excel 进行共词矩阵构建的成果并不是很多，但其研究对相关工具的开发有一定的参考价值。

（4）方法比较。每种方法都会存在一定的不足，同时也可能有与其相近的方法，研究方法的比较是方法论视角研究的另一种研究类型。伍若梅和孔悦凡（2010）的创新之处在于从起源、研究对象及性质、前提假设、影响因素、应用过程及范围对共词分析和共引分析进行了比较。两者在起源等方面存在差异，但是在应用过程和应用范围上有一定相似之处。共词分析的数据来源多以期刊论文的关键词或主题词为主，卞志昕（2014）的创新之处在于以网络博客的共词为数据，并分析了网络共词分析与专利合作/共引分析的相似性。

（5）方法改进。针对共词分析的不足，许多研究者从不同视角提出了一些改进的方法。这类研究是方法论视角研究中最具创新性的研究成果。同时，也是本书收集的文献当中，数量较多的一种研究类型。钟伟金和李佳（2008）将共词分析划分为确定分析问题、确定分析单元、高频词的选定、共词出现频率、共词分析中的统计方法和对共词结果分析 6 个步骤。徐硕等（2012）将共词分析分为 3 个阶段：术语收集阶段；共词频率计算阶段；聚类分析阶段。这类研究的创新之处，通常是解决共词分析过程中的一个或多个问题。

①词的选择。在共词分析研究过程中，许多研究者直接使用期刊论文的关键词进行分析，也有一些研究者使用主题词。

首先，在期刊论文中，关键词的选择具有很强的主观性和随意性，加之汉语词中普遍存在同义词和多义词现象等问题。钟伟金（2011）通过针对同一文献标本，采用同样的常规处理过程，对关键词和主题词的聚类效果进行对比统计分析，结果显示在高频词、类团成员及聚类质量上，存在较大差别。

其研究表明，在医学领域内，选择主题词作为共词聚类分析的对象时，所得到的结果还是比较合理的。李纲和王忠义（2011）提出了基于语义的共词分析方法，其创新之处在于引入该方法利用主题图来描述专家知识，以该主题图为指导进行共词分析，一定程度上有效克服共词分词中存在的问题。徐硕等（2012）的创新之处是给出了对作者关键词进行规范化处理的思想方法及规范化处理应遵循的原则。杨建林（2014）探讨基于词频阈值、基于共现强度阈值这两种选词策略之间的联系，以及综合两种策略的选词方案对共词分析效果的具体影响。他认为，分别基于这两种选词策略获取相同数量的关键词，将其合并之后得到的关键词集合具有更好的共词分析效果。胡昌平和陈果（2013）分析了科技论文关键词特征及其对共词分析的影响。

其次，很多研究者利用共词分析时，由于内容分析与最终可视化效果的局限，通常选择部分高频关键词作为分析对象。高频关键词的选择没有一个严格的标准，作者的主观性较强。杨爱青等（2012）借鉴 g 指数的思想，提出一种基于 g 指数的主题词选取方法——词频 g 指数。他认为，利用词频 g 指数确定的主题词更为自然和客观。

②共词矩阵型构建。针对共词分析中关键词的"同量不同质"的问题。研究者的解决办法大体分为两类。

第一类是通过关键词加权来实现。吴清强和赵亚娟（2008）构建了基于论文属性的加权共词分析模型。钟伟金（2009）认为，在文献的标引中存在主要主题词与次要主题词的差别，在词对共现频率计算时应对主要主题词进行加权计算，从而突出主要主题词在聚类过程中的主导地位。杨彦荣和张阳（2011）提出了垂直加权、水平加权和混合加权共词分析。李纲和李轶（2011）提出了一种基于关键词加权的共词分析方法，通过在关键词词频统计和词对相似度计算两个步骤中使用的改进的加权算法，从而实现了基于关键词重要性的加权。胡晶平和陈果（2013）共词分析与文本分类、聚类、检索等方法进行对比归一，引入词语贡献度作为新的特征词选择方法，并给出算法描述。

第二类是引入领域本体、语义等方法。唐晓波和肖璐利（2013）提出了"融合关键词增补与领域本体的共词分析方法"。他们首先选择高频自标引关键词构成增补词典，利用基于增补词典的分词技术从标题中提取论文候选关键词，按一定规则进行增补。这解决了作者自标引关键词不能全面描述论文主题内容的问题。同时，引入领域本体来计算高频关键词对的语义相似度，综合考虑共现频次和语义相似度值得到词对的相关度值，用相关度来描述词对相似度，并作为构建共词矩阵的依据。王玉林和王忠义（2014）提出一种细粒度语义共词分析方法。该方法一方面对词对共现统计单元进行碎片化处理，由"文献单元"变为"知识单元"（RDF 三元组），达到细粒度的目的；另一方面对共词分析方法进行语义化处理，将共现词对的语义信息融入共词分析过程之中。

③其他角度的改进。还有些研究成果的改进已经与原有的共词研究方法有大的差异。如冷伏海等（2011）借鉴 DLG 关联挖掘算法，提出基于位向量的三元共词分析算法和基于坐标图的三元共词结果分析方法。徐硕等（2012）从关联规则挖掘领域引入了一种新的共现聚类分析方法——最大频繁项集挖掘，它将传统共现分析法的三个阶段压缩为一个阶段，充分利用了可以利用的各种信息，克服了传统方法的缺陷。俞仙子等（2014）、邵运作和李秀霞（2015）都是利用基于惩罚性矩阵分解（PMD）进行文本核心特征词提取，并利用 Matlab 对构建的共词矩阵进行 PMD 分解降维。

这些研究都从不同角度尝试解决共词分析当中存在的一些问题，并都对相应的方法进行了实证分析。还有个别的研究专注于问题的分析，如李佳（2010）认为共词聚类分析存在：聚类不稳定、聚类不完整、成员划分不合理以及容易造成没有意义类团等问题的出现，并提出了改进聚类算法、改变聚类策略、类团的弹性划分以及对结果的创新分析能有效弥补聚类算法的不足。

11.3.3 应用视角的创新

1. 研究内容

根据每篇论文的题名信息，确定了其研究内容。利用 Ucinet 绘制了 148 篇论文的研究内容——时间 2 模网络（见图 11-5）。从统计结果看，这些论文的研究内容涉有 129 个主题，其中，图书情报学（6 次）、数字图书馆（4

次）、知识管理（4次）、竞争情报（3次）研究较多，关联数据、教育技术学、开放存取、学科结构、学科主题动态跟踪、学科主题演化都是2次，其他研究内容都只有1次。利用共词分析方法研究不同的内容，这方面的创新相对较为容易，只要选择一个前人没有研究的研究内容，就可以撰写一篇相关的论文。对于其他研究者研究过的内容，可以在研究的时间范围、空间范围等方面进行一些创新性研究。这类研究的创新在于研究内容的选择。

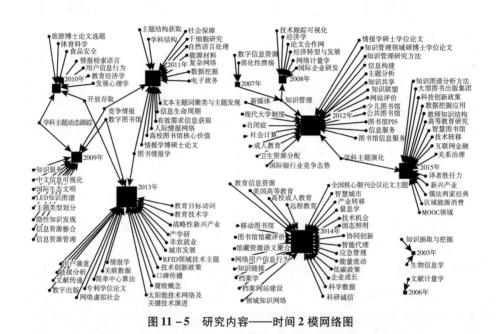

图 11-5 研究内容——时间2模网络图

这方面早期的研究成果开始于对医学、生物信息学和文献计量学文献的共词分析，如崔雷（2003）、张晗（2003）、蒋颖（2006）在《情报学报》上发表的相关成果。从图 11-5 中可以看出，2008～2010年，主要是图书情报学领域的研究内容较多；2011年开始，其他学科和领域的研究内容数量在快速增长。这从一个侧面反映了科学研究领域的一种创新方式，就是利用将一种方法应用到不同的研究领域之中。研究方法的应用拓展是一种基本的创新形式。共词研究方法虽然起源于图书情报学领域，但是它已经在医学、生物信息学、教育学、经济学、体育学、心理学等学科领域都得到了广泛应用。

2. 研究方法的集成

每种研究方法都有一定的局限，在解决具体问题的过程中，通常需要同时利用多种研究方法展开相关研究。从统计结果看，在 148 篇论文当中，除了有 7 篇论文中只使用了共词分析方法外，有 38 篇论文同时使用了 2 种方法，有 52 篇同时使用了 3 种研究方法，有 47 篇同时使用了 4 种研究方法，有 4 篇论文同时使用了 5 种研究方法。

从图 11-6 看，与共词研究方法同时使用在 10 种以上的研究方法有聚类分析、多维尺度分析等 6 种方法。如张勤和马费成（2008）利用因子分析和聚类分析对中文关键词进行类属分析，揭示国内知识管理的研究结构。杨颖和崔雷（2011）利用聚类树图展现某学科领域的主题结构，战略坐标展现各主题在整个学科结构上的重要性或特性，社会网络图谱展现各主题的内部关系，这些研究方法解决共词分析过程的不同的问题。如利用词频分析方法，使研究者获得一个数据集合中的高频关键词，然后构建高频关键词共词网络；利用聚类分析或多维尺度分析将相关关键词形成一定的类别，进而得到一些较小的研究主题。这些研究成果实际是将多种研究方法进行集成，充分发挥各自的优势。研究方法集成也是科研领域的一种创新形式，这种创新的前提是研究者要充分熟悉各种方法的功能及其优势，研究方法的不足。

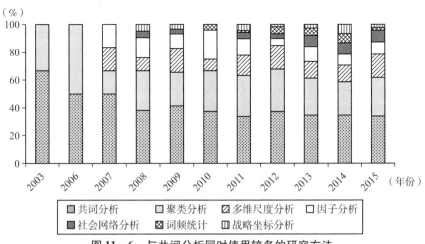

图 11-6　与共词分析同时使用较多的研究方法

3. 研究工具

有的研究工具的使用不仅提高了共词方法的效率，有的研究工具可以实现相关信息的可视化。图11-7列出了共词分析方法使用过程中的研究工具（5次以上）。每种研究工具也有自己的特定功能，有一些优势与不足，有些工具之间可以相互补充。如王文博等（2013）先利用SATI统计了2000篇战略性新兴产业的关键词，并利用其得到了高频关键词共词矩阵；然后利用R语言进行了聚类分析；用Ucinet绘制了关键词共词网络。李晶晶（2015）将数据先导入Excel，然后再利用SPSS进行聚类分析，利用CiteSpace进行社会网络分析。研究方法与研究工具有很强的相关性，在对数据进行聚类分析或多维尺度分析时，研究者多使用SPSS为工具；利用社会网络分析或聚类分析时，可以使用Ucinet或Pajek等社会网络软件，能够使用新的研究工具来实现研究目标，也是科研创新的表现形式之一。这类创新要求研究者有较强的动手能力，能够熟悉各种工具的使用方法。在使用这些工具时也了解软件功能背后的一些原理，否则在数据解释时可能会遇到无法合理解释的情况，如SPSS、Ucinet、Nodexl等都有聚类功能，但其采用的算法是不一样的。同样的数据，使用不同的工具可能得到不同的结果。

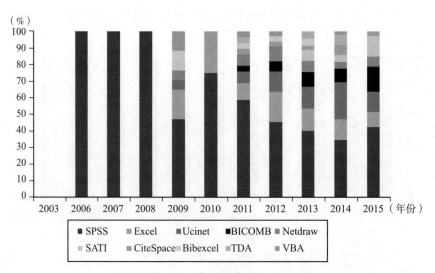

图11-7　共词分析方法常用的研究工具

4. 数据源

利用共词分析来研究某学科结构、某领域的研究热点和某主题的研究现状等问题时，数据源的选择也是一个非常重要的研究基础。从统计结果看，在研究中文文献时，用户使用最多的是中国知网的期刊全文数据库，研究外文文献时，使用最多的是 Web of Science（WoS）。图 11 - 8 列出了研究者使用较多的数据源。如邓娇娇等（2015）利用 SSCI 和中国知网的期刊全文数据库为数据源，分别得到了关系治理的中外文文献，进行了相关研究。也有些研究，由于其研究目的的特别，而选择的数据源也较为少见。如马世杰（2015）的数据来源是儒家经典"十三经"的全文及译本的电子文本，法家管仲、商鞅和韩非子的经典著作的原文及译文的电子版。这类研究对研究者在数据采集、数据处理等方面有更高的要求，通常需要自行编制特定的软件来实现。在数据收录范围不同，研究目的不同等情况下，将多种数据源的数据分别采集，然后进行合并处理是数据源创新方面需要加强的一个方面。针对特定研究目标，选择特定的数据源也是数据源创新的一种形式。

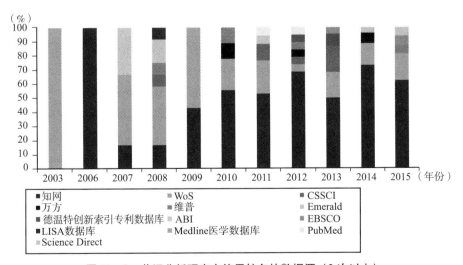

图 11 - 8 共词分析研究中使用较多的数据源（2 次以上）

11.4 研 究 结 论

研究方法创新是学术创新的一个重要途径，本研究针对共词分析及相近的研究方法的创新分析框架，通过以共词分析的实证分析看，方法论视角的创新难度相对较大，其相关的研究成果数量也较少。在研究综述、文献计量、方法实现、方法比较、方法改进 5 个方面，方法改进的创新难度最大，它需要对研究方法有深入的了解，并能够针对其存在问题进行针对性的完善；其次是研究综述的创新，它需要研究者占有大量文献，并能够从中进行提炼、归纳，需要对所在领域有一个比较全面深入的了解；方法实现、方法比较和文献计量的难度相对较小。应用视角的创新较容易实现，但不论是研究内容的创新、研究方法的集成创新、研究工具的编制和研究工具的混合使用、数据源的创新等也需要研究者具备较强的科研能力。在应用视角的创新方面，不同类型的创新视角因方法发展的不同阶段可能会有所不同。如共词分析方法，研究方法集成创新难度较大，大部分可以同时使用的研究方法研究者已经都使用过。研究工具方面的创新难度相对较少，这与工具使用的易用性、可操作性的门槛相对较低有较大的关系。学术创新的基础是对已经相关研究的全面了解，只有在掌握相关研究不足的基础上，才能找到创新的视角。

期刊论文创新性评价调查问卷

2013 年 6 ~ 7 月，笔者利用问卷星做了一个问卷调查。网址：http：//www. sojump. com/jq/2531217. aspx，见图 1。

期刊论文创新性评价调查问卷

尊敬的先生/女士：

您好！

我正在从事"期刊论文创新性评价的研究"。现在形成了一些对期刊论文创新的基本看法，但还很不成熟。因此，想通过本次问卷调查，借助您的力量，帮助我对一些问题的理解更加明确和细化。

为了感谢您的参与，除了问卷星提供的有奖调查（中奖率较小）外，调查结束之后，本人将把调查结果整理分析结果发到您填写的邮箱，与您分享。

祝您工作顺利、心想事成！

安徽财经大学　魏瑞斌

图 1　网络问卷调查首页

由于调查时间较短，发布的渠道比较局限，最终回收网络问卷 32 份。问卷填写者来自我国 14 个省（区、市），其中排在前 3 位的分别是北京、江苏和陕西，还有两位来自国外。69% 的被调查者来自高校；25% 的被调查者来自科研机构；有一个来自企业。从被调查者所在学科看，32 人分布在 12 个学科领域，其中图书馆学、情报学 9 人；管理科学与工程 3 人，其他学科人数为 2 人或 1 人。从被引调查者年龄看，主要是 25～35 岁的青年学者，一共 21 人，约占总体的 66%。虽然调查数量较少，但调查者还是有较好的代表性。

衷心感谢这些调查者的参与和支持！

最终调查结果如下：

第 1 题　假设一篇期刊论文从其创新性、规范性和科学性三个角度评价。如果总的比例是 1，它们三者分别占的比重您认为各是多少？

从表 1 看，被调查者认为，在论文有这 3 个属性中，创新性所占比例最大，其次是科学性和规范性。从中可以看出，大家对期刊论文的创新性认可度和重视程度最高，创新性应该是论文最重要的特征。

表 1　　　　　　　　　　**论文评价的三个维度**

选项	平均分	比例（%）
创新性	40.56	41
规范性	21.88	22
科学性	37.56	38

第 2 题　期刊论文创新的类型包括（　　）。

从表 2 的统计结果看，大家认为期刊论文的创新最重要的两种类型是理论创新和方法创新；其次是研究范式创新和观点创新；数据或资料创新排在第三个层次。尽管大家学科不同，但对期刊论文创新类型的基本判断还是非常一致的。

表 2　　　　　　　　　　**论文创新类型**

选项	小计	比例（%）
理论创新	30	93.75
方法创新	31	96.88

选项	小计	比例（%）
数据或资料创新	18	56.25
研究范式创新	26	81.25
观点创新	26	81.25
其他	3	9.38
本题有效填写人次	32	

第 3 题　请根据您的感受，判断期刊论文创新类型对于一篇论文创新性的重要性（1～5 表示从"非常不重要"到"非常重要"，数字越大越重要）。

该矩阵题平均分：3.61 分。

从表 3 的统计结果看，大家对判断期刊论文创新类型对于一篇论文创新性的重要性与第 3 个问题的结果是吻合的。理论创新和方法创新是最重要的，其次是观点创新和研究范式创新；最后是数据或资料创新。

表 3　　　　　　　　　　论文创新不同类型的重要性

选项	题目 1	题目 2	题目 3	题目 4	题目 5	平均分
理论创新	0(0)	1(3.13%)	8(25%)	6(18.75%)	17(53.13%)	4.22
方法创新	0(0)	3(9.38%)	5(15.63%)	13(40.63%)	11(34.38%)	4
数据或资料创新	4(12.5%)	9(28.13%)	9(28.13%)	10(31.25%)	0(0)	2.78
研究范式创新	2(6.25%)	6(18.75%)	6(18.75%)	15(46.88%)	3(9.38%)	3.34
观点创新	1(3.13%)	4(12.5%)	8(25%)	10(31.25%)	9(28.13%)	3.69

第 4 题　期刊论文创新的层次可以分为（　　）。

本问卷中没有对原始创新、移植创新和集成创新这样的概念专门进行界定，但从表 4 最终结果看，大家对期刊论文创新的层次还是有高度一致的认可。首先是原始创新，其次是移植创新，最后是集成创新。

表4 论文创新的不同层次

选项	小计	比例（%）
原始创新	32	100
移植创新	31	96.88
集成创新	26	81.25
其他	7	21.88
本题有效填写人次	32	

第5题 请根据您的感受，选择期刊论文创新层次对期刊论文创新性的重要程度最符合的项（1~5表示从"非常不重要"到"非常重要"，数字越大越重要）

该矩阵题平均分：3.81分。

从表5的统计结果看，它与第4个问题的调查结果也呈现为高度一致。

表5 论文创新层次的重要性

选项	题目1	题目2	题目3	题目4	题目5	平均分
原始创新	1(3.13%)	0(0)	2(6.25%)	8(25%)	21(65.63%)	4.5
移植创新	0(0)	3(9.38%)	11(34.38%)	13(40.63%)	5(15.63%)	3.63
集成创新	1(3.13%)	5(15.63%)	12(37.5%)	11(34.38%)	3(9.38%)	3.31

第6题 您通常会选择期刊论文的哪些部分的信息来判断一篇论文创新的类型？

从表6统计结果看，大家认为摘要信息是判断期刊论文理论创新最重要的途径，其次是结论部分和论文篇名；方法创新最重要的途径是正文部分，其次是摘要和论文篇名；数据或资料创新的来源最重要的是正文部分，其次是摘要和引言部分；研究范式创新的最重要途径是正文和摘要部分；观点创新的最主要途径是结论部分和摘要部分。从中可以看出，论文的创新是一个需要较为丰富的信息才能判断的。

表6　　　　　　　　　　　　　　　　论文创新信息来源

选项	论文篇名	关键词	摘要	引言部分	正文部分	结论部分
理论创新	16(50%)	8(25%)	20(62.5%)	7(21.88%)	12(37.5%)	18(56.25%)
方法创新	10(31.25%)	7(21.88%)	18(56.25%)	4(12.5%)	21(65.63%)	5(15.63%)
数据或资料创新	3(9.38%)	3(9.38%)	9(28.13%)	9(28.13%)	24(75%)	6(18.75%)
研究范式创新	3(9.38%)	3(9.38%)	13(40.63%)	8(25%)	20(62.5%)	7(21.88%)
观点创新	10(31.25%)	6(18.75%)	17(53.13%)	5(15.63%)	8(25%)	23(71.88%)

第7题　一篇期刊论文是否有创新性，除了论文本身之外，您还会选择期刊论文的哪些外部特征信息来间接判断论文创新性？

从表7统计结果看，在学术期刊这些外部特征当中，论文发表的期刊还是判断论文是否具有创新性最为重要的来源。尽管"以刊论文"受到了大家的一些质疑，但从目前学术期刊的运行机制看，它还是有较强的合理性。其次是论文的被引频次这个计量指标。论文被引是论文影响力的一个重要体现，同时也是间接判断论文创新性的重要指标之一。排在第3位的是论文作者，这也反映出作者信息在论文创新性判断中的重要作用。其他属性虽然数值比前面几个要低，但在期刊论文创新性评价时，也有一定的参考价值。

表7　　　　　　　　　　　　　　　　论文创新的外部特征

选项	小计	比例（%）
发表的期刊	27	84.38
论文作者	13	40.63
发文时间	10	31.25
发文语种	3	9.38
是否基金资助	11	34.38
参考文献	11	34.38
论文被引频次	23	71.88
论文下载次数	11	34.38
本题有效填写人次	32	

第 8 题　你如何理解期刊论文的创新性?

以下是被调查者提供的他们对期刊论文创新性的看法。从中可以看出,不同的学者对于论文创新的认识有一定的差异,但也有相似之处。

创新性应该包括原始创新、移植创新与集成创新。不同学科不能要求每篇论文都做到原始创新,针对不同学科的特点能做到以上三者其一就算具有创新性。当然能做到原始创新,并且是理论、方法或者研究范式上的创新则是更好的,也是科学研究要追求的。

给出论证过程严密的新知识。

考虑实际问题,不人云亦云,有自己的想法,尽管不成熟。如果能够在借鉴和调查的基础上,按照自己的想法,坚持研究,这就是创新。

创新不是在文章中说是创新,将创新挂在嘴边,而是至少让行业内的人知道研究主题的来龙去脉,将自己的研究与别人的对比,自己的想法在哪儿,立场是什么,为何写这个论文。不赞同使用时髦的词语,而让读者不知所云。

首先,研究视角要新;其次,研究方法要新;最后,能够结合实际,具有一定的实际指导意义。

理论创新、方法创新、理论和方法创新。

比先前的工作相比有新颖性,且有科学性。

观点创新、理论创新、方法创新。

本人认为,期刊论文创新性应该包括:理论的创新和观点的创新以及方法研究的创新。

理论、方法、观点等创新。

(1) 是否对已有理论提出挑战;(2) 是否为现有理论的一个还未知的逻辑结果;(3) 是否沟通了不同理论间的内在逻辑联系;(4) 构建了新方法或新指标,并有坚实的理论基础。

内容与众不同,不随大流。

第一层次是原始创新;第二层次是方法创新;第三层次是数据收集创新;第四层次是移植创新。

首先了解所属期刊,其次再来评价这一期刊的论文的创新性。

比如，高水平的期刊，如《自然》（Natural）、《科学》（Science）或某行业的权威期刊等，理论创新或发现新知识更加值得关注，而其他一流期刊等，则相对应更加重视方法创新等，我觉得不应该一概而论，期刊论文应该细分。

不局限于观点创新，也可能是研究方法的创新。

期刊论文的创新性应是期刊刊出此篇论文的最首要的和基本的前提。

期刊论文的创新指的是通过规范的语言、科学的研究方法，研究以前没有研究过的内容，或者在前人研究的基础上形成新的观点和方法。

方法、理论或观点有修正、延展或新发现均认为具有一定的创新性。

问卷设计对期刊论文创新的类型和层次的分类很清晰，然而大多数论文其实是以移植和集成创新为主，多种创新形式综合的结果。同时也是一种学科视角的结果，如用科学计量的方法研究红楼梦中的一些东西，如果发在文学或历史学期刊，就属于方法的创新，如果发在图书情报类期刊，就是研究资料的创新。另外，就社会科学和技术科学的论文而言，文章的创新性还应考虑实用性的问题。

第9题　您所从事的专业属于哪个学科？（　　）

回答见表8。

表8　　　　　　　　　　　　被调查者学科分布

序号	学科	人数	序号	学科	人数
1	图书情报	9	7	IT	1
2	管理科学与工程	3	8	地球科学	1
3	地理学	2	9	公共管理	1
4	管理学	2	10	化学	1
5	计算机科学与技术	2	11	历史学	1
6	医学	2	12	旅游管理	1

第 10 题　您的年龄段（　）。

回答见表9。

表9　　　　　　　　　　　　被调查者年龄分布

选项	小计	比例（%）
15~25	2	6.25
26~35	21	65.63
36~45	7	21.88
46~60	1	3.13
60 以上	1	3.13
本题有效填写人次	32	

第 11 题　您现在所在的机构是（　）。

回答见表10。

表10　　　　　　　　　　　　被调查者机构分布

选项	小计	比例（%）
高等学校	22	68.75
科研机构	8	25
企业	1	3.13
其他	1	3.13
本题有效填写人次	32	

从表8看，被调查者分布在不同学科，其中图书情报领域的人数最多。这种集中与分布现象对于最终调查结果而言，既可以保证其全面性，同时为调查结果的准确性提供了一定保障。从表9看，被调查者主要集中在21~35岁，他们可能是正在读研或读博的学生或年轻老师。这个群体对于论文创新

非常关注，这也为本调查结果的有效性提供了支持。从表 10 看，被调查者主要来自高校和科研机构。他们在学习工作过程中，期刊论文是其非常重要的一种信息源。这个数据与表 8 和表 9 的数据之间相互印证，从一个侧面反映了被调查者信息的准确性。

参考文献

［1］白如江，杨京，王效岳. 单篇学术论文评价研究现状与发展趋势 ［J］. 情报理论与实践，2015，38（11）：11－17.

［2］白胜，宋李荣. 相对性视角下管理类论文创新点的构成要素分析及应用 ［J］. 科技管理研究，2015，35（10）：250－254.

［3］鲍玉芳，马建霞. 科学论文被引频次预测的现状分析与研究 ［J］. 情报杂志，2015，34（5）：66－71.

［4］卞志昕. 网络共词分析与专利机构聚类分析的比较探索 ［J］. 图书情报工作，2014，58（7）：83－87.

［5］曹顺庆，朱利民. 比较文学与学术创新——曹顺庆教授访谈 ［J］. 学术月刊，2007（3）：144－149.

［6］曹妍，朱瑞芳，韩世范. 应用德尔菲法构建护理论文创新性评价指标体系 ［J］. 护理研究，2017（17）：2101－2103.

［7］曹杨，赵硕. 科技论文标题的结构和语言特征——以 *Science* 和 *Nature* 为例 ［J］. 外语教学，2014，35（2）：35－39.

［8］陈超美. CiteSpace Ⅱ：科学文献中新趋势与新动态的识别与可视化 ［J］. 陈悦，侯剑华，梁永霞译. 情报学报，2009，28（3）：401－421.

［9］陈建青. 对我国学术论文创新性评审的几点思考 ［J］. 青年记者，2013（18）：33－35.

［10］陈力丹.新闻传播学：学科的分化、整合与研究方法创新［J］.现代传播，2011（4）：23-29.

［11］陈铭，叶继元.基于"全评价"分析框架的开放存取仓储评价体系研究［J］.图书馆论坛，2014，34（8）：40-47.

［12］陈铭.基于"全评价"体系的图书馆电子书评价研究［J］.图书与情报，2012（1）：22-26.

［13］陈守龙，刘现伟.国外企业IT应用绩效评价理论的研究综述［J］.首都经济贸易大学学报，2007（6）：97-102.

［14］陈伟，周文，郎益夫，等.基于合著网络和被引网络的科研合作网络分析［J］.情报理论与实践，2014（10）：54-59.

［15］陈新仁.语用学研究：学术创新与文本呈现［J］.福建师范大学学报（哲学社会科学版），2017（2）：90-96，171.

［16］陈衍泰，陈国宏，李美娟.综合评价方法分类及研究进展［J］.管理科学学报，2004（2）：69-79.

［17］陈银飞.2000~2009年世界贸易格局的社会网络分析［J］.国际贸易问题，2011（11）：31-42.

［18］陈远，王菲菲.基于CSSCI的国内情报学领域作者文献耦合分析［J］.情报资料工作，2011（5）：6-12.

［19］陈振英.TOP期刊评价方法的改进及实证研究［J］.大学图书馆学报，2011（3）：26-29，65.

［20］储节旺，郭春侠.EXCEL实现共词分析的方法——以国内图书情报领域知识管理研究为例［J］.情报杂志，2011，30（3）：45-49.

［21］储节旺，郭春侠.共词分析法的基本原理及EXCEL实现［J］.情报科学，2011，29（6）：931-934.

［22］崔雷，郑华川.关于从MEDLINE数据库中进行知识抽取和挖掘的研究进展［J］.情报学报，2003，22（4）：425-433.

［23］崔平.中国学术创新的逻辑起点：理论构造标准反思［J］.河北学刊，2005，25（5）：34-40.

［24］戴季瑜，徐漪.SOLO评价理论在历史学科应用的研究综述［J］.

教育现代化，2015（8）：70－73.

［25］邓艾．美国民族政策公众评价理论研究综述［J］.中南民族大学学报（人文社会科学版），2012，32（3）：35－41.

［26］邓娇娇，严玲，吴绍艳，等．基于共词分析与高频被引文献的关系治理文献研究［J］.科技管理研究，2015（3）：237－244，250.

［27］邓莉琼，吴玲达，谢毓湘．基于时间信息的可视化表现方法研究［C］//第三届和谐人机环境联合学术会议论文集，2007：109－115.

［28］邓三鸿，金莹．我国人文社会科学学术期刊的学科对比——基于CSSCI的分析［J］.东岳论丛，2008，29（1）：43－50.

［29］邓正来．研究与反思：关于中国社会科学自主性的思考［M］.北京：中国政法大学出版社，2004.

［30］杜红平，王元地．学术论文参考文献引用的科学化范式研究［J］.中国科技期刊研究，2017，28（1）：18－23.

［31］段庆锋，朱东华．基于合著与引文混合网络的协同评价方法［J］.情报学报，2012，31（2）：189－195.

［32］范佳佳．全评价理论在学科馆员评价中的应用研究——以天津外国语大学图书馆学科馆员评价为例［J］.图书馆杂志，2012，31（9）：75－82.

［33］范军．大学出版与学术创新［J］.现代出版，2012（1）：13－17.

［34］范少萍，李迎迎，张志强．国内外共词分析研究的文献计量分析［J］.情报杂志，2013，32（9）：104－109.

［35］方孜，王刊良．电子商务模式分析与方法创新［J］.西安交通大学学报（社会科学版），2002，22（2）：65－69.

［36］冯璐，冷伏海．共词分析方法理论进展［J］.中国图书馆学报，2006（2）：88－92.

［37］付中静．不同引证时间窗口论文量引关系实证研究——基于论文与期刊视角［J］.情报杂志，2017，36（7）：128－133.

［38］高锋，肖诗顺．服务质量评价理论研究综述［J］.商业时代，2009（6）：16－17.

［39］高海红．投资组合业绩评价理论综述［J］.世界经济，2003（3）：

71－77.

［40］高继平，丁堃，滕立，等．专利—论文混合共被引分析法的实现及其应用——以德温特专利数据库为例［J］. 科学学研究，2011，29（8）：1184－1189，1146.

［41］高锡荣，杨娜．基于社会网络分析方法的论文评价指标体系构建［J］. 情报科学，2017，35（4）：97－102，144.

［42］高小强，赵星. h 指数与论文总被引 C 的幂律关系［J］. 情报学报，2010，29（3）：506－510.

［43］耿志杰，颜祥林，王婷婷．国外档案学研究主题的关联网络分析——基于 LISA 数据库［J］. 档案学通讯，2012（1）：68－72.

［44］宫福满，谢定均，李文清，等．基于编辑角度的科技论文创新性评价方法［J］. 编辑学报，2001，13（4）：196－197.

［45］宫留记．哲学社会科学研究方法创新的制约因素——纯科学资本与制度化科学资本的关系研究［J］. 重庆大学学报（社会科学版），2009，15（6）：73－76.

［46］顾钰民．经济学研究方法创新与经济理论发展［J］. 同济大学学报（社会科学版），2003，14（6）：29－33.

［47］郭君平，荆林波．中国人文社科期刊评价的变迁、问题及优化路径［J］. 情报杂志，2016，35（1）：68－73.

［48］郭全珍，吕建国．纳米功能材料领域研究前沿和发展趋势的可视化分析［J］. 情报杂志，2014，33（3）：49－53.

［49］国家中长期教育改革和发展规划纲要（2010－2020 年）［Z］. 2010－07－29.

［50］国务院关于印发"十三五"国家科技创新规划的通知［Z］. 2016－08－08.

［51］韩毅，金碧辉．基于连通性的引文网络结构分析新视角：主路径分析［J］. 科学学研究，2012，30（11）：1634－1640.

［52］韩毅，童迎，夏慧．领域演化结构识别的主路径方法与高被引论文方法对比研究［J］. 图书情报工作，2013，57（3）：11－16.

[53] 韩宇，赵学文，李正风. 基础研究创新概念辨析及对相关问题的思考 [J]. 中国基础科学，2001 (3)：35 - 40.

[54] 何传启，张凤. 知识创新——竞争新焦点 [M]. 北京：经济管理出版社，2001：211.

[55] 何春建. 单篇论文学术影响力评价指标构建 [J]. 图书情报工作，2017，61 (4)：98 - 107.

[56] 何荣利，何萌. 科学引文的时差分析 [J]. 图书情报工作，2004，48 (6)：44 - 46.

[57] 何星亮. 关于中国人类学民族学学术创新的若干问题 [J]. 思想战线，2012，38 (4)：1 - 6.

[58] 何星星，武夷山. 基于文献利用数据的期刊论文定量评价研究 [J]. 情报杂志，2012，31 (8)：98 - 102.

[59] 洪海娟，万跃华. 数字鸿沟研究演进路径与前沿热点的知识图谱分析 [J]. 情报科学，2014，32 (4)：54 - 58.

[60] 洪竞科，王要武，常远. 生命周期评价理论及在建筑领域中的应用综述 [J]. 工程管理学报，2012，26 (1)：17 - 22.

[61] 胡昌平，陈果. 共词分析中的词语贡献度特征选择研究 [J]. 现代图书情报技术，2013，Z1：89 - 93.

[62] 胡昌平，陈果. 科技论文关键词特征及其对共词分析的影响 [J]. 情报学报，2014，33 (1)：23 - 32.

[63] 胡大平. 马克思主义哲学研究的学术创新与方法自觉 [J]. 南京社会科学，2003 (4)：19 - 25.

[64] 胡守钧. 创新是学术的生命 [N]. 解放日报，2004 - 09 - 08.

[65] 胡英奎，罗敏，王秀玲. 学术期刊编辑初审论文创新性的方法 [J]. 编辑学报，2012，24 (4)：353 - 355.

[66] 胡长爱，朱礼军. 复杂网络软件分析与评价 [J]. 数字图书馆论坛，2010 (5)：33 - 39.

[67] 化柏林. 图书情报学核心期刊论文标题计量分析研究 [J]. 情报学报，2007，26 (3)：391 - 398.

［68］皇甫青红，刘艳华，丁军艳．国际社会网络分析领域作者共被引网络结构研究［J］．情报杂志，2013，32（5）：121－126，201．

［69］皇甫晓涛．文化复兴与学术创新［J］．学术月刊，2004（9）：5－8．

［70］黄澜．科技论文创新性的初审判断［J］．中国科技期刊研究，2001，12（4）：244－245．

［71］黄亚明，王琳辉，金碧辉，等．期刊引文网络影响测度研究［J］．情报学报，2008，27（2）：265－270．

［72］纪雪梅，王芳．学术文献题名中"基于"一词的使用规律及特征分析［J］．情报学报，2013，32（7）：697－707．

［73］贾劝宝，张松柏．高校哲学社会科学研究方法创新之我见［J］．中国高等教育，2010（6）：18－20．

［74］姜春林，唐悦，杜维滨，李江波．CSSCI 管理学来源期刊引文网络结构分析［J］．科学学与科学技术管理，2009（7）：54－58．

［75］姜磊，林德明．参考文献对论文被引频次的影响研究［J］．科研管理，2015，36（1）：121－126．

［76］姜晓岗．科技期刊被引频次及其相关因素分析［J］．图书情报工作，2000，44（9）：22－27．

［77］蒋颖．1995～2004 年文献计量学研究的共词分析［J］．情报学报，2006，25（4）：504－512．

［78］教育部关于进一步改进高等学校哲学社会科学研究评价的意见［Z］.2011－11－07．

［79］金碧辉，Rousseau Ronald. R 指数、AR 指数：h 指数功能扩展的补充指标［J］．科学观察，2007（3）：1－8．

［80］金碧辉，LoetLeydesdorff，孙海荣，张望，岑哲波．中国科技期刊引文网络：国际影响和国内影响分析［J］．中国科技期刊研究，2005（2）：141－146．

［81］景玉琴．经济学研究方法的创新［J］．经济学家，2007（3）：17－21．

［82］靖飞，俞立平．一种新的学术期刊评价方法——因子理想解法

[J]. 情报杂志，2012，31（10）：22 –26.

[83] 柯平，陈信，宋家梅，亢琦. 2013 年国外图书馆学研究前沿与热点分析 [J]. 图书情报知识，2014（5）：17 –29.

[84] 赖茂生，屈鹏，赵康. 论期刊评价的起源和核心要素 [J]. 重庆大学学报（社会科学版），2009，15（3）：67 –72.

[85] 冷伏海，王林，李勇，等. 基于文献关键词的三元共词分析方法——以知识发现领域为例 [J]. 情报学报，2011，10（10）：1072 –1077.

[86] 李柏洲，赵健宇，袭希，苏屹，徐广玉. 基于知识分子结构法的知识管理研究主题演化趋势分析 [J]. 研究与发展管理，2014（2）：59 –76.

[87] 李冲，王前. 知识定量评价理论与方法研究综述 [J]. 科技进步与对策，2010，27（3）：157 –160.

[88] 李芳. 刍议中国钢琴音乐研究方法的融合与创新 [J]. 黄钟（武汉音乐学院学报），2015（1）：142 –147.

[89] 李纲，李轶. 一种基于关键词加权的共词分析方法 [J]. 情报科学，2011（3）：321 –324，332.

[90] 李纲，王忠义. 基于语义的共词分析方法研究 [J]. 情报杂志，2011，30（12）：145 –149.

[91] 李贺琼，邵晓明，杨玉英，王惠群，傅贤波，张小为. 2006～2010 年我国 48 种外科学类期刊自引率及其与影响因子和总被引频次的关系 [J]. 中国科技期刊研究，2013，24（5）：876 –884.

[92] 李怀祖. 管理研究方法论 [M]. 西安：西安交通大学出版社，2004.

[93] 李佳. 共词聚类分析法中的主要问题与对策 [J]. 情报学报，2010，29（4）：614 –617.

[94] 李杰，陈超美. CiteSpace：科技文本挖掘及可视化 [M]. 北京：首都经济贸易大学出版社，2016：2 –8.

[95] 李晶晶. 联结与相异——共词分析视角下我国大型图书出版集团内部格局研究 [J]. 出版科学，2015，23（2）：55 –58.

[96] 李林艳. 社会空间的另一种想象——社会网络分析的结构视野 [J]. 社会学研究，2004（3）：64 –75.

［97］李如森，彭彩红，赵福荣．科技论文创新性判断方法［J］．辽宁科技大学学报，2001（3）：234－236．

［98］李亚明．训诂学研究方法的继承与创新［J］．古籍整理研究学刊，1995（6）：13－27．

［99］李颖，贾二鹏，马力．国内外共词分析研究综述［J］．新世纪图书馆，2012（1）：23－27．

［100］李运景，任银玲，何琳，等．利用引文时序可视化挖掘专业学科发展规律［J］．情报学报，2010，29（5）：880－888．

［101］李长玲，郭凤娇，支岭．基于SNA的学科交叉研究主题分析——以情报学与计算机科学为例［J］．情报科学，2014（12）：61－66．

［102］李长玲，郭凤娇．几种中心性分析方法的学科期刊评价效果比较研究——以19种图书情报类核心期刊为例［J］．情报杂志，2013，32（5）：115－120．

［103］栗沛沛，钟昊沁．知识创新的涵义和运作过程［J］．科学管理研究，2002，20（6）：10－12．

［104］梁辰，徐健．社会网络可视化的技术方法与工具研究［J］．现代图书情报技术，2012（5）：7－15．

［105］廖胜姣，肖仙桃．基于文献计量的共词分析研究进展［J］．情报科学，2008（6）：855－859．

［106］林德明，姜磊．科技论文评价体系研究［J］．科学学与科学技术管理，2012，33（10）：11－17．

［107］林佳瑜．论文标题与下载和引用的关系［J］．大学图书馆学报，2012（4）：14－17．

［108］林晓英．论图书馆学研究方法的创新［J］．图书馆学刊，2008，30（1）：39－41．

［109］刘大椿，杨会丽．哲学学科的分化、整合与方法创新［J］．哲学分析，2011（2）：172－185．

［110］刘洪涛，肖开洲，吴渝，等．带舆论评价的引文网络构建与主题发现［J］．情报学报，2011，30（4）：441－448．

［111］刘金伟．推进社会科学研究方法创新的新视角——基于复杂性研究的思考［J］．社会科学家，2004（3）：64-66．

［112］刘劲杨．知识创新、技术创新与制度创新概念的再界定［J］．科学学与科学技术管理，2002，23（5）：5-8．

［113］刘盛博，王博，丁堃．科技论文评价研究综述［J］．情报理论与实践，2016，39（6）：126-130．

［114］刘万国，孙波，刘丁，等．我国自然科学学术成果流失现状及对策——基于2015年度国家自然科学奖初评获奖人学术论文成果的统计分析［J］．图书情报工作，2016，60（20）：20-26．

［115］刘炜，徐升华．协同知识创新研究综述［J］．情报杂志，2009，28（9）：131-134．

［116］刘晓萍．学术期刊在知识创新中的特殊作用［J］．编辑学报，2001，13（3）：135-137．

［117］刘兴兵．Martin评价理论的国内文献综述［J］．英语研究，2014，12（2）：6-11．

［118］刘艳．复杂性思维视阈下的教育科学研究方法创新［J］．内蒙古师范大学学报（教育科学版），2012（8）：96-98．

［119］刘宇，叶继元，袁曦临．图书情报学期刊的分层结构：基于同行评议的实证研究［J］．中国图书馆学报，2011，37（2）：105-114．

［120］刘宇，袁曦临，叶继元．期刊分层：期刊评价研究的历史社会学解析［J］．图书情报工作，2010，54（14）：6-10．

［121］龙跃．知识创新研究综述与评析［J］．情报杂志，2013，32（2）：88-92．

［122］卢向华．信息技术评价理论的研究与发展［J］．计算机集成制造系统，2006（2）：314-320．

［123］陆伟，钱坤，唐祥彬．文献下载频次与被引频次的相关性研究——以图书情报领域为例［J］．情报科学，2016，34（1）：3-8．

［124］罗小勇，黄希望，王大伟，李轶．生命周期评价理论及其在污水处理领域的应用综述［J］．环境工程，2013，31（4）：118-122．

［125］吕鹏辉，张士靖．学科知识网络研究（Ⅰ）引文网络的结构、特征与演化［J］．情报学报，2014，33（4）：340－348．

［126］马立钊．关于学术期刊创新与评价的几个问题［J］．社会科学战线，2015（7）：268－272．

［127］马立钊．学术创新与期刊评价标准［J］．贵州社会科学，2016（9）：162－168．

［128］马楠，官建成．基于网络结构挖掘算法的引文网络研究［J］．情报学报，2008，27（4）：584－590．

［129］马瑞敏，倪超群．作者耦合分析：一种新学科知识结构发现方法的探索性研究［J］．中国图书馆学报，2012，38（2）：4－11．

［130］马世杰．儒法两家经典的共词分析与研究［J］．大学图书馆学报，2015，33（2）：107－112．

［131］梅新林．学科交融与学术创新［J］．文学遗产，2012（1）：137－140．

［132］裴雷，马费成．社会网络分析在情报学中的应用和发展［J］．图书馆论坛，2006（6）：40－45．

［133］仇欢，李霞．企业可持续发展指数评价理论与方法综述［J］．当代石油石化，2017，25（6）：39－43．

［134］彭希羡，赵宇翔，朱庆华，等．基于关联规则挖掘的 iConferences 研究主题［J］．情报学报，2013，32（12）：1303－1314．

［135］彭张林，张强，杨善林．综合评价理论与方法研究综述［J］．中国管理科学，2015，23（S1）：245－256．

［136］钱江．新制度主义经济学对我国法学研究方法创新的启示［J］．浙江工业大学学报（社会科学版），2009（4）：453－458．

［137］邱均平，陈晓宇，何文静．科研人员论文引用动机及相互影响关系研究［J］．图书情报工作，2015，59（9）：36－44．

［138］邱均平，段宇锋．论知识管理与知识创新［J］．中国图书馆学报，1999（3）：5－11．

［139］邱均平，李爱群．期刊评价的价值实现与社会认同［J］．重庆大学学报（社会科学版），2008，14（1）：60－65．

[140] 邱均平, 李爱群. 我国期刊评价的理论、实践与发展趋势 [J]. 数字图书馆论坛, 2007 (3): 1 – 12.

[141] 邱均平, 余厚强. 替代计量学的提出过程与研究进展 [J]. 图书情报工作, 2013, 57 (19): 5 – 12.

[142] 邱均平. 信息计量学 [M]. 武汉: 武汉大学出版社, 2007: 208 – 211.

[143] 屈鹏, 吴龙婷, 隆捷, 等. 国际情报学研究主题的聚类分析——基于 1996 ~ 2003 年的 LISA 数据库 [J]. 情报学报, 2007, 26 (6): 909 – 917.

[144] 邵云飞, 欧阳青燕, 孙雷. 社会网络分析方法及其在创新研究中的运用 [J]. 管理学报, 2009, 6 (9): 1188 – 1193, 1203.

[145] 邵作运, 李秀霞. 惩罚性矩阵分解及其在共词分析中的应用 [J]. 图书情报工作, 2015, 59 (13): 126 – 133, 148.

[146] 邵作运, 李秀霞. 共词分析中作者关键词规范化研究——以图书馆个性化信息服务研究为例 [J]. 情报科学, 2012 (5): 731 – 735.

[147] 盛杰. 期刊编辑对科技论文创新性的把握 [J]. 编辑学报, 2011, 23 (3): 215 – 217.

[148] 宋歌, 刘利. 法学学术期刊分层研究 [J]. 新世纪图书馆, 2013 (2): 31 – 37.

[149] 宋歌. 经济学期刊互引网络的核心 – 边缘结构分析 [J]. 情报学报, 2011, 30 (1): 93 – 101.

[150] 宋歌. 学术创新的扩散过程研究 [J]. 中国图书馆学报, 2015, 41 (1): 62 – 75.

[151] 宋艳辉, 武夷山. 基于作者文献耦合分析的情报学知识结构研究 [J]. 图书情报工作, 2014, 58 (1): 117 – 123.

[152] 宋艳辉, 武夷山. 作者文献耦合分析与作者关键词耦合分析比较研究: Scientometrics 实证分析 [J]. 中国图书馆学报, 2014 (1): 25 – 38.

[153] 宋艳辉, 杨思洛. 国外情报学研究的作者文献耦合分析——基于国内情报学的对比研究 [J]. 情报科学, 2015 (10): 134 – 139.

[154] 苏芳荔. 科研合作对期刊论文被引频次的影响 [J]. 图书情报工

作，2011，55（10）：144 – 148.

［155］苏新宁，夏立新.2000～2009年我国数字图书馆研究主题领域分析——基于CSSCI关键词统计数据［J］.中国图书馆学报，2011（4）：60 – 69.

［156］隋福民.中国经济史研究方法创新研讨会综述［J］.中国经济史研究，2007（3）：170 – 171.

［157］孙海生，张曙光.情报学核心作者互引网络分析［J］.情报杂志，2011，30（3）：78 – 83.

［158］孙清玉，陈刚."全评价"体系在科技查新质量评价中的应用研究［J］.河北工程大学学报（社会科学版），2015，32（1）：41 – 43.

［159］孙书军，朱全娥.内容质量决定论文的被引频次［J］.编辑学报，2010，22（2）：141 – 143.

［160］谭泽明.试论中国新闻史研究方法的创新路径［J］.浙江传媒学院学报，2011，18（6）：18 – 24.

［161］唐果媛，张薇.国内外共词分析法研究的发展与分析［J］.图书情报工作，2014，58（22）：138 – 145.

［162］唐炜，蒋日富，鹿盟.企业技术创新能力评价理论研究综述［J］.科技进步与对策，2007（5）：195 – 200.

［163］唐晓波，肖璐.融合关键词增补与领域本体的共词分析方法研究［J］.现代图书情报技术，2013（11）：60 – 67.

［164］田盛慧，苏林伟，赵星，等.多层次施引源项与总被引的幂律关系实证［J］.情报学报，2015，34（10）：1024 – 1030.

［165］汪跃春，史新和.期刊论文被引频次分布拟合与分析［J］.情报学报，2012，31（2）：196 – 203.

［166］王芳，王向女.我国情报学研究方法的计量分析：以1999～2008年《情报学报》为例［J］.情报学报，2010，29（4）：652 – 662.

［167］王海涛，谭宗颖，陈挺.论文被引频次影响因素研究——兼论被引频次评估科研质量的合理性［J］.科学学研究，2016，34（2）：171 – 177.

［168］王浩.图书馆学学术创新刍议［J］.新世纪图书馆，2013（11）：6 – 9.

［169］王佳宁，莫远明．智库研究的方法创新与走向判断［J］．重庆社会科学，2012（9）：107－110．

［170］王剑，高峰，王健，刘茜．被引频次与引用认知相关性的实证研究［J］．图书情报工作，2014，58（13）：95－99．

［171］王立学，冷伏海．简论研究前沿及其文献计量识别方法［J］．情报理论与实践，2010，33（3）：54－58．

［172］王莉亚，张志强，卫军朝．基于共词分析的近十年国外图书情报学研究主题分析［J］．情报杂志，2011，30（3）：50－58．

［173］王灵芝，俞立平．期刊评价中效用函数合成方法的选择与综合运用研究［J］．情报杂志，2012，31（11）：77－82，70．

［174］王陆．典型的社会网络分析软件工具及分析方法［J］．中国电化教育，2009（4）：95－100．

［175］王飒，包丽颖．基于文献计量的共词分析方法及应用述评［J］．情报科学，2014（4）：150－154．

［176］王术，叶鹰．影响矩作为测度单篇论著影响力的评价指标探讨［J］．大学图书馆学报，2014，32（5）：12－18．

［177］王薇，李燕凌．农村公共服务绩效评价方法创新研究［J］．甘肃社会科学，2013（6）：226－229．

［178］王文博，程慧敏，王立婧，等．基于共词分析的我国战略性新兴产业研究态势评析［J］．科技进步与对策，2013，30（21）：57－60．

［179］王贤文，方志超，王虹茵．连续、动态和复合的单篇论文评价体系构建研究［J］．科学学与科学技术管理，2015，36（8）：37－48．

［180］王显志，马赛．2002～2013年中国评价理论研究综述［J］．河北联合大学学报（社会科学版），2014，14（5）：92－97．

［181］王孝宁，崔雷，刘刚，等．突发监测算法用于共词聚类分析的尝试［J］．图书情报工作，2009，53（12）：104－107，120．

［182］王一心．试论学术期刊对知识创新的主要功能［J］．大学图书馆学报，2001，19（5）：79－80．

［183］王勇，肖诗斌，郭跚秀，等．中文微博突发事件检测研究［J］．

现代图书情报技术，2013（2）：57 – 62.

［184］王玉林，王忠义．细粒度语义共词分析方法研究［J］．图书情报工作，2014，58（21）：73 – 80.

［185］王元地，胡锐峰，胡谍．期刊论文"引用时滞"现象初探——以《科研管理》期刊为例［J］．情报理论与实践，2015，38（8）：4，56 – 60.

［186］王运锋，夏德宏，颜尧妹．社会网络分析与可视化工具 NetDraw 的应用案例分析［J］．现代教育技术，2008（4）：85 – 89.

［187］王知津，周鹏，谢丽娜，等．用 ABCA 方法识别和阐释我国当代情报学研究领域［J］．情报学报，2013，32（1）：4 – 12.

［188］王子舟．学术创新必先从学术史研究入手［J］．图书情报工作，2007，57（3）：5.

［189］隗玲，方曙．引文网络主路径研究进展评述及展望［J］．情报理论与实践，2016（9）：128 – 133.

［190］魏瑞斌．基于自引网络和内容分析的学者研究主题挖掘［J］．情报学报，2015，34（6）：635 – 664.

［191］魏瑞斌．社会网络分析在关键词网络分析中的实证研究［J］．情报杂志，2009，28（9）：46 – 49.

［192］魏瑞斌．学术期刊发文主题演变的实证研究——以《情报学报》为例［J］．情报杂志，2013，32（6）：64 – 69.

［193］魏晓俊．基于科技文献中词语的科技发展监测方法研究［J］．情报杂志，2007（3）：34 – 36，39.

［194］沃特·德·诺伊，安德烈·姆尔瓦，弗拉迪米尔·巴塔盖尔吉．蜘蛛：社会网络分析技术［M］．林枫，译．北京：世界图书出版公司，2012：328 – 331.

［195］吴海峰，孙一鸣．引文网络的研究现状及其发展综述［J］．计算机应用与软件，2012（2）：164 – 168.

［196］吴清强，赵亚娟．基于论文属性的加权共词模型探讨［J］．情报学报，2008，27（1）：89 – 92.

［197］吴淑芬．基于"全评价分析框架"的特色数据库评价体系构建

[J]. 宁波教育学院学报，2015，17（4）：107-110.

［198］吴淑燕，许涛. PageRank 算法的原理简介［J］. 图书情报工作，2003，47（2）：51，55-60.

［199］伍若梅，孔悦凡. 共词分析与共引分析方法的比较研究［J］. 情报资料工作，2010（1）：25-28.

［200］武夷山科学网博客. JASIST 的更名说明了什么［EB/OL］. http：//blog. sciencenet. cn/blog-1557-780971. html［2017-02-23］.

［201］武夷山科学网博客. 2015 年中国科技论文统计结果（国际论文，受托发布）［EB/OL］. http：//blog. sciencenet. cn/blog-1557-930169. html［2016-06-18］.

［202］武夷山科学网博客. 2018 年中国科技论文统计结果（国际论文部分，受托发布）［EB/OL］. http：//blog. sciencenet. cn/blog-1557-1143946. html［2018-05-22］.

［203］武夷山科学网博客. 2018 年中国科技论文统计结果（国内论文部分，受托发布）［EB/OL］. http：//blog. sciencenet. cn/blog-1557-1143948. html［2018-05-22］.

［204］武夷山博客. 2018 年中国科技论文统计结果（总体情况，受托发布）［EB/OL］. http：//blog. sciencenet. cn/blog-1557-1143943. html［2018-05-22］.

［205］武夷山科学网博客. 中国科技论文的整体表现（受托发布）［EB/OL］. http：//blog. sciencenet. cn/blog-1557-1008372. html［2016-10-13］.

［206］习近平. 在哲学社会科学工作座谈会上的讲话（全文）［EB/OL］. http：//news. xinhuanet. com/politics/2016-05/18/c_1118891128. htm［2016-05-18］.

［207］习近平治国理政"100 句话"之：把论文写在祖国的大地上［EB/OL］. http：//news. cnr. cn/dj/20160610/t20160610_522366922. shtml［2016-06-10］.

［208］肖明，邱小花，黄界，李国俊，冯召辉. 知识图谱工具比较研究［J］. 图书馆杂志，2013（3）：61-69.

［209］肖伟，魏庆琦．学术论文共词分析系统的设计与实现［J］．情报理论与实践，2009（3）：102 - 105.

［210］肖学斌，柴艳菊．论文的相关参数与被引频次的关系研究［J］．现代图书情报技术，2016（6）：46 - 53.

［211］谢淑莲．学术期刊在知识创新系统中的作用和任务［J］．中国科技期刊研究，1999，10（1）：1 - 4.

［212］徐海燕．学术创新的内涵与思维工具的选择［J］．中国特色社会主义研究，2005（1）：90 - 93.

［213］徐书荣．科技期刊编辑对提升论文创新性的作用［J］．中国科技期刊研究，2014，25（6）：761 - 764.

［214］徐硕，乔晓东，朱礼军，等．共现聚类分析的新方法：最大频繁项集挖掘［J］．情报学报，2012，31（2）：143 - 150.

［215］徐永．国家行动下学术创新策略的实践逻辑及其反思——基于大学学术生产的视角［J］．教育发展研究，2012（23）：1 - 7.

［216］许海云，方曙．科学计量学的研究主题与发展——基于普赖斯奖得主的扩展作者共现分析［J］．情报学报，2013，32（1）：58 - 67.

［217］薛其林．学术兴盛与方法创新——论民国时期学术研究方法问题［J］．中州学刊，2003（1）：120 - 123.

［218］晏双生．知识创造与知识创新的涵义及其关系论［J］．科学学研究，2010，28（8）：1148 - 1152.

［219］杨爱青，马秀峰，张凤燕，等．g指数在共词分析主题词选取中的应用研究［J］．情报杂志，2012，31（2）：52 - 55，74.

［220］杨冠灿，刘彤，李纲等．基于综合引用网络的专利价值评价研究［J］．情报学报，2013，32（12）：1265 - 1277.

［221］杨建林．关键词选择策略及其对共词分析的影响［J］．情报学报，2014（10）：148 - 161.

［222］杨金华．慎言"学术创新"［J］．自然辩证法通讯，2007，29（3）：97 - 98.

［223］杨利军，万小渝．引用习惯对我国期刊论文被引频次的影响分析——

以情报学为例 [J]. 情报科学，2012，30（7）：1093 –1096.

[224] 杨淑萍. 图书馆学专门方法研究内容的拓展与研究方法创新 [J]. 图书馆界，2006（1）：9 –13.

[225] 杨思洛，韩瑞珍. 国外知识图谱绘制的方法与工具分析 [J]. 图书情报知识，2012（6）：101 –109.

[226] 杨思洛. 引文分析存在的问题及其原因探究 [J]. 中国图书馆学报，2011，37（3）：108 –117.

[227] 杨彦荣，张阳. 加权共词分析法研究 [J]. 情报理论与实践，2011（4）：61 –63.

[228] 杨颖，崔雷. 基于共词分析的学科结构可视化方法的比较 [J]. 情报学报，2011，10（10）：1115 –1120.

[229] 叶继元，陈铭. 开放存取期刊学术质量"全评价"体系研究——以"中国科技论文在线优秀期刊"为例 [J]. 图书与情报，2013（2）：81 –87.

[230] 叶继元.《中文图书引文索引·人文社会科学》示范数据库研制过程、意义及其启示 [J]. 大学图书馆学报，2013，31（1）：48 –53.

[231] 叶继元. 人文社会科学评价体系探讨 [J]. 南京大学学报（哲学·人文科学·社会科学），2010，47（1）：97 –110.

[232] 叶继元. 图书馆学期刊质量"全评价"探讨及启示 [J]. 中国图书馆学报，2013，39（4）：83 –92.

[233] 叶继元. 推进哲学社会科学研究方法创新刍议 [J]. 学术界，2009（2）：61 –71.

[234] 叶继元. 学术"全评价"分析框架与创新质量评价的难点及其对策 [J]. 河南大学学报（哲学社会科学版），2016，56（5）：151 –156.

[235] 叶继元. 宜用新的研究方法研究"当代学术史" [J]. 云梦学刊，2005，26（4）：18.

[236] 叶继元. 引文的本质及其学术评价功能辨析 [J]. 中国图书馆学报，2010，36（1）：35 –39.

[237] 叶继元. 引文法既是定量又是定性的评价法 [J]. 图书馆，2005（1）：43 –45.

［238］叶新东，邱峰，沈敏勇．教育技术博客的社会网络分析［J］．现代教育技术，2008（5）：48-53．

［239］叶鹰．国际学术评价指标研究现状及发展综述［J］．情报学报，2014，33（2）：215-224．

［240］叶鹰．一种学术排序新指数——f指数探析［J］．情报学报，2009（1）：142-149．

［241］俞立平，潘云涛，武夷山，等．基于结构方程的学术期刊评价研究［J］．情报学报，2010，29（1）：136-141．

［242］俞立平，潘云涛，武夷山．TOPSIS在期刊评价中的应用及在高次幂下的推广［J］．统计研究，2012（12）：96-101．

［243］俞立平，武夷山．学术期刊评价中标准分与原始分的比较研究——科技评价方法必须进行革命性改良［J］．情报学报，2011（11）：1187-1193．

［244］俞仙子，高英莲，马春霞，等．提取核心特征词的惩罚性矩阵分解方法——以共词分析为例［J］．现代图书情报技术，2014（3）：88-95．

［245］虞沪生，张瑞清，阎为民．科技论文创新性的审读［J］．编辑学报，2006，18（5）：333-334．

［246］员巧云，程刚．国内外知识创新和组织学习研究综述［J］．图书情报工作，2009，53（8）：89-92．

［247］袁艺．投资评价理论方法综述：演进与发展［J］．现代管理科学，2006（2）：116-117．

［248］袁毅，王晓光．利用结构方程模型分析社会化媒体营销影响因素——以"开心网"为例［J］．图书情报工作，2011，55（18）：57-60，120．

［249］袁振国．论高校哲学社会科学研究的形式与方法创新［J］．中国高等教育，2006（17）：16-18．

［250］苑彬成，方曙，刘清，等．国内外引文分析研究进展综述［J］．情报科学，2008，28（1）：147-153．

［251］张存刚，李明，陆德梅．社会网络分析——一种重要的社会学研究方法［J］．甘肃社会科学，2004（2）：109-111．

［252］张晗，崔雷．生物信息学的共词分析研究［J］．情报学报，2003，

22 (5): 613 -617.

[253] 张勤, 马费成. 国内知识管理研究结构探讨——以共词分析为方法 [J]. 情报学报, 2008, 27 (1): 93 -101.

[254] 张树人, 刘颖, 陈禹. 社会网络分析在组织管理中的应用 [J]. 中国人民大学学报, 2006 (3): 74 -80.

[255] 张晓霞, 王名扬, 贾冲冲, 等. 基于突发词 H 指数的微博突发事件检测算法研究 [J]. 情报杂志, 2015, 34 (2): 37 -41.

[256] 张雄宝, 陆向艳, 练凯迪, 等. 基于突发词地域分析的微博突发事件检测方法 [J]. 情报杂志, 2017, 36 (3): 98 -103, 97.

[257] 张秀岭. 新时期对图书馆学研究方法的创新探索——学科外延与内涵深入的整合研究法 [J]. 新世纪图书馆, 2012 (7): 9 -11.

[258] 张亚强, 张东生. 国内 TRIZ 研究主题的进展——基于学术论文的内容分析 [J]. 科技管理研究, 2014 (21): 187 -191.

[259] 张寅, 王岩, 王惠文. 重点学术期刊专项基金管理中的期刊评价——基于简化的区间数据主成分分析方法 [J]. 管理科学学报, 2010 (7): 88 -94.

[260] 张英杰, 冷伏海. 基于案例的科学前沿探测方法比较研究 [J]. 图书情报工作, 2012, 56 (20): 42 -46.

[261] 张玉华, 潘云涛, 马峥. 科技论文评估方法研究 [J]. 编辑学报, 2004, 16 (4): 243 -244.

[262] 赵传金. 近年来评价理论研究综述 [J]. 南京政治学院学报, 2005 (5): 123 -125.

[263] 赵洁, 马铮, 周晓峰, 等. 基于突发词项频域分析的微博突发事件检测 [J]. 情报理论与实践, 2015, 38 (1): 124 -129.

[264] 赵蓉英, 王静. 社会网络分析 (SNA) 研究热点与前沿的可视化分析 [J]. 图书情报知识, 2011 (1): 88 -94.

[265] 赵蓉英, 吴胜男. 基于战略坐标图的我国馆藏资源研究主题分析 [J]. 图书与情报, 2013 (2): 88 -92.

[266] 赵蓉英, 吴胜男. 我国开放存取研究主题和作者影响力分析——

战略坐标与社会网络分析相融合视角 [J]. 情报理论与实践, 2013 (11): 57 - 62.

[267] 赵蓉英, 许丽敏. 文献计量学发展演进与研究前沿的知识图谱探析 [J]. 中国图书馆学报, 2010, 36 (5): 60 - 68.

[268] 赵玉鹏. 基于知识图谱的机器学习研究前沿探析 [J]. 情报杂志, 2012, 31 (4): 28 - 31, 13.

[269] 赵智慧. 文化遗产数字化研究演进路径与热点前沿的可视化分析 [J]. 图书馆论坛, 2013, 33 (2): 33 - 40.

[270] 郑乐丹. 基于突发检测的我国数字图书馆研究前沿及其演进分析 [J]. 图书馆论坛, 2013, 33 (1): 47 - 51.

[271] 中共中央国务院印发《国家创新驱动发展战略纲要》[Z]. 2016 - 05 - 19.

[272] 钟伟金. 基于主要主题词加权的共词聚类分析法效果研究 [J]. 情报学报, 2009, 28 (2): 214 - 219.

[273] 钟伟金, 李佳. 共词分析法研究 (一) ——共词分析的过程与方式 [J]. 情报杂志, 2008, 27 (5): 70 - 72.

[274] 钟伟金, 李佳. 共词分析法研究 (二) ——类团分析 [J]. 情报杂志, 2008, 27 (6): 141 - 143.

[275] 钟伟金, 李佳, 杨兴菊. 共词分析法研究 (三) ——共词聚类分析法的原理与特点 [J]. 情报杂志, 2008, 27 (7): 118 - 120.

[276] 钟伟金. 共词分析法应用的规范化研究——主题词和关键词的聚类效果对比分析 [J]. 图书情报工作, 2011, 55 (6): 114 - 118.

[277] 钟细军. 论科技学术论文创新性的初审评价 [J]. 编辑学报, 2010, 22 (2): 108 - 110.

[278] 周宏, 张巍, 杨霁. 相对绩效评价理论及其新发展 [J]. 经济学动态, 2008 (2): 89 - 93.

[279] 周露阳. 论审评学术论文创新因素的指标体系 [J]. 编辑学报, 2006, 18 (1): 68 - 70.

[280] 周晓分, 黄国彬, 白雅楠. 科学计量可视化软件的对比与数据预

处理研究 [J]. 图书情报工作, 2013, 57 (23): 64 – 72.

[281] 朱大明. 科技期刊论文创新性鉴审的四个基本要素 [J]. 科技管理研究, 2011, 31 (9): 199 – 201.

[282] 朱庆华, 李亮. 社会网络分析法及其在情报学中的应用 [J]. 情报理论与实践, 2008 (2): 179 – 183, 174.

[283] 祝清松, 冷伏海. 基于引文主路径文献共被引的主题演化分析 [J]. 情报学报, 2014, 33 (5): 498 – 506.

[284] 宗诚, 马海群. 我国信息法学研究方法的创新思维 [J]. 情报资料工作, 2007 (4): 11 – 13.

[285] 邹诗鹏. 学术原创的三个层面 [EB/OL]. http://news. sina. com. cn/0/2005 – 11 – 01/032273201245. shtml [2017 – 07 – 08].

[286] Alimoradi F, Javadi M, Mohammadpoorasl A, et al. The effect of key characteristics of the title and morphological features of published articles on their citation rates [J]. Annals of Library and Information Studies, 2016, 63 (3): 74 – 77.

[287] Amjad T, Ding Y, Daud A, et al. Topic-based heterogeneous rank [J]. Scientometrics, 2015, 104 (1): 1 – 22.

[288] Bergh D D. Thinking strategically about contribution [J]. Academy of Management Journal, 2003, 46 (2): 135 – 136.

[289] Bernhard. In search of research methods used in information science [J]. Canadian Journal of Information and Library Science, 1993, 18 (3): 1 – 35.

[290] Bichteler J, Iii E A E. The combined use of bibliographic coupling and cocitation for document retrieval [J]. Journal of the American Society for Information Science, 2010, 31 (4): 278 – 282.

[291] Bochove C A V. Economic statistics and scientometrics [J]. Scientometrics, 2013, 96 (3): 799 – 818.

[292] Boyack K W, Klavans R. Co-citation analysis, bibliographic coupling, and direct citation: Which citation approach represents the research front most accurately? [J]. Journal of the American Society for Information Science &

Technology, 2010, 61（12）: 2389 – 2404.

［293］ Brown S A. Predicting collaboration technology use: integrating technology adoption and collaboration research ［J］. Journal of Management Information Systems, 2010, 27（2）: 9 – 54.

［294］ Bu Y, Liu T Y, Huang W B. MACA: a modified author co-citation analysis method combined with general descriptive metadata of citations ［J］. Scientometrics, 2016（108）: 143 – 166.

［295］ Buter R K, Raan A F J V. Non-alphanumeric characters in titles of scientific publications: An analysis of their occurrence and correlation with citation impact ［J］. Journal of Informetrics, 2011, 5（4）: 608 – 617.

［296］ Cao X, Chen Y X, Cui L. Literature bibliographic coupling analysis of foreign medical informatics based on sci ~ 2 ［J］. Journal of Medical Informatics, 2015, 36（2）: 45 – 50.

［297］ Chang Y W, Huang M H, Lin C W. Evolution of research subjects in library and information science based on keyword, bibliographical coupling, and co-citation analyses ［J］. Scientometrics, 2015, 105（3）: 2071 – 2087.

［298］ Chen C. CiteSpace Ⅱ: Detecting and visualizing emerging trends and transient patterns in scientific literature ［J］. Journal of the Association for Information Science & Technology, 2009, 57（3）: 359 – 377.

［299］ Chen D Z, Huang M H, Hsieh H C, et al. Identifying missing relevant patent citation links by using bibliographic coupling in LED illuminating technology ［J］. Journal of Informetrics, 2011, 5（3）: 400 – 412.

［300］ Chu H T. Research methods in library and information science: a content analysis ［J］. Library & Information Science Research, 2015, 37（1）: 36 – 41.

［301］ Cronin B, Meho L I. Timelines of creativity: a study of intellectual innovators in information science ［J］. Journal of the Association for Information Science and Technology, 2007, 58（13）: 1948 – 1959.

［302］ Cronin B, Shaw D. Banking on different forms of symbolic capital ［J］. Journal of the American Society for Information Science & Technology, 2010, 53

(14)：1267 – 1270.

［303］ Cronin B. Bibliometrics and beyond：some thoughts on Web-based citation analysis ［J］. Journal of Information Science，2001，27（1）：1 – 7.

［304］ Cronin B，Shaw D. Identity-creators and image-makers：using citation analysis and thick description to put authors in their place ［J］. Scientometrics，2002，54（1）：31 – 49.

［305］ Davis M S. That's interesting！Towards a phenomenology of sociology and a sociology of phenomenology ［J］. Philosophy of the Social Sciences，1971（12）：309 – 344.

［306］ Dennis A R，Fuller R M，Valacich J S. Media，tasks，and communication processes：a theory of media synchronicity ［J］. MIS Quarterly，2008，32（3）：575 – 600.

［307］ Dennis A R，Wixom B H，Vandenberg R J. Understanding fit and appropriation effects in group support systems via meta-analysis ［J］. MIS Quarterly，2001，25（2）：167 – 193.

［308］ Ding Y，Chowdhury G，Foo S. Mapping the intellectual structure of information retrieval studies：an author co-citation analysis，1987 ~ 1997 ［J］. Journal of Information Science，1999，25（1）：67 – 78.

［309］ Egghe L，Leydesdorff L. The relation between Pearson's correlation coefficient r and Salton's cosine measure ［J］. Journal of the American Society for Information Science and Technology，2009，60（5）：1027 – 1036.

［310］ Egghe L，Rao I K R. Citation age data and the obsolescence function：fits and explanations ［J］. Information Processing & Management，1992，28（2）：201 – 217.

［311］ Egghe L，Rousseau R. Co-citation，bibliographic coupling and a characterization of lattice citation networks ［J］. Scientometrics，2002，55（3）：349 – 361.

［312］ Egghe L，Rousseau R. An informetric model for the Hirsch-index ［J］. Scientometrics，2006（1）：121 – 129.

[313] Egghe L, Rousseau R. Average and global impact of a set of journals [J]. Scientometircs, 1996, 36 (1): 97 – 107.

[314] Egghe L, Rousseau R. Averaging and globalising quotients of informetric and scientometric data [J]. Journal of Information Science, 1996, 22 (3): 165 – 170.

[315] Egghe L. An improvement of the H-index: the G-index [J]. ISSI Newsletter, 2006, 2 (1): 8 – 9.

[316] Egghe L. A characterization of the law of Lotka in terms of sampling [J]. Scientometrics, 2005, 62 (3): 321 – 328.

[317] Egghe L. A noninformetric analysis of the relationship between citation age and journal productivity [J]. Journal of the American Society for Information Science and Technology, 2001, 52 (5): 371 – 377.

[318] Egghe L. Consequences of Lotka's law for the law of Bradford [J]. Journal of Documentation, 1985, 41 (3): 173 – 189.

[319] Egghe L. Modelling successive h-indices [J]. Scientometircs, 2008, 77 (3): 377 – 387.

[320] Egghe L. Performance and its relation with productivity in Lotkaian systems [J]. Scientometircs, 2009, 81 (2): 567 – 585.

[321] Egghe L. The source-item coverage of the Lotka function [J]. Scientometrics, 2004, 61 (1): 103 – 115.

[322] Egghe L. Theory and practise of the g-index [J]. Scientometrics, 2006, 69 (1): 131 – 152.

[323] Egghe L. Theory of collaboration and collaborative measures [J]. Information Processing & Mnagement, 1991, 27 (2 – 3): 177 – 202.

[324] Eldredge J D. Inventory of research methods for librarianship and informatics [J]. Journal of the Medical Library Association, 2004 (92): 83 – 90.

[325] Fidel R. Qualitative methods in information retrieval research [J]. Library & Information Science Research, 1993 (15): 219 – 247.

[326] Fodel R. Are we there yet?: Mixed methods research in library and infor-

mation science [J]. Library & Information Science Research, 2008 (30): 265 – 272.

[327] Fumani M R F Q, Goltaji M, Parto P. The impact of title length and punctuation marks on article citations [J]. Annals of Library & Information Studies, 2015, 62 (3): 126 – 132.

[328] Garfield E, Sher I H, Torpie K J, et al. The use of citation data in writing the history of science [R]. Philadelphia: The Institute for Scientific Information, Report of Research for Air Force Office of Scientific Research Under Contract, 1964, F49 (638): 1256.

[329] Garfield E. Historiographic mapping of knowledge domains literature [J]. Journal of Information Science, 2004, 30 (2): 119 – 145.

[330] Garfield E, Pudovkin A I, Istornin V S. Why do we need algorithmic historiography? [J]. Journal of the American Society for Information Science and Technology, 2003, 54 (5): 400 – 412.

[331] Garfield E. From the science of science to Scientometrics visualizing the history of science with HistCite software [J]. Journal of Informetrics, 2009, 3 (3): 173 – 179.

[332] Garfield E. Research fronts [J]. Current Contents, 1994, 41: 3 – 7.

[333] Gazni A, Didegah F. The relationship between authors' bibliographic coupling and citation exchange: analyzing disciplinary differences [J]. Scientometrics, 2016, 107 (2): 609 – 626.

[334] Glanzel W, Schlemmer B, Thijs B. Better late than never? On the chance to become highly cited only beyond the standard bibliometric time horizon [J]. Scientometircs, 2003, 58 (3): 571 – 586.

[335] Glanzel W, Schoepflin U. A bibliometrics study on aging and reception processed of scientific literature [J]. Journal of Information Science, 1995, 21 (1): 37 – 53.

[336] Glanzel W, Schoepflin U. A stochastic-model for the aging of scientific literature [J]. Scientometircs, 1994, 30 (1): 49 – 64.

[337] Glanzel W, Schoepflin U. Little scientometircs, big scientometircs…

and beyond [J], Scientometircs, 1994, 30 (2 - 3): 375 - 384.

[338] Glanzel W, Schubert A. A new classification scheme of science fields and subfields designed for scientometric evaluation purposes [J]. Scientometircs, 2003, 56 (3): 357 - 367.

[339] Glanzel W, Thijs B, Schlemmer, B A bibliometric approach to the role of author self-citations in scientific communication [J]. Scientometrics, 2004, 59 (1): 63 - 77.

[340] Glanzel W, Thijs B. Does co-authorship inflate the share of self-citations? [J]. Scientometrics, 2004, 61 (3): 395 - 404.

[341] Glanzel W. The need for standards in bibliometric research and technology [J]. Scientometircs, 1996, 35 (2): 167 - 176.

[342] Glänzel W, Czerwon H J. A new methodological approach to bibliographic coupling and its application to the national, regional and institutional level [J]. Scientometrics, 1996, 37 (2): 195 - 221.

[343] Gnewuch M, Wohlrabe K. Title characteristics and citations in economics [J]. Scientometrics, 2017, 110 (3): 1573 - 1578.

[344] Goffman W. Mathematical approach to the spread of scientific ideas-the history of mast cell research [J]. Nature, 1966, 212 (5061): 449.

[345] Gorley K G, Gioia D A. Building theory about theory building: what constitutes a theoretical contribution? [J]. Academy of Management Review, 2011, 36 (1): 12 - 32.

[346] Habibzadeh F, Yadollahie M. Are shorter article titles more attractive for citations? Crosssectional study of 22 scientific journals [J]. Croatian Medical Journal, 2010, 51 (2): 165 - 170.

[347] Hartley J. Colonic titles [J]. Journal of the European Medical Writers Association, 2007, 16 (4): 147 - 149.

[348] Hartley J. To attract or to inform: what are titles for? [J]. Journal of Technical Writing and Communication, 2005, 35 (2): 203 - 213.

[349] Hartley J. Planning that title: practices and preferences for titles with

colons in academic articles [J]. Library and Information Science Research, 2007, 29 (4): 553 –568.

[350] Hellsten I, Lambiotte R, Scharnhorst A, et al. Self-citations, co-authorships and keywords: a new approach to scientists' field mobility? [J]. Scientometrics, 2007, 72 (3): 469 –486.

[351] Hellsten I, Lambiotte R, Scharnhorst A, et al. Self-citation networks as traces of scientific career [C]. Proceedings of ISSI 2007: 11th International Conference of the International Society for Scientometrics and Informetrics, Vols I and II: 365 –367.

[352] Hider P, Pymm B. Empirical research methods reported in high-profile LIS journal literature [J]. Library & Information Science Research, 2008 (30): 108 –114.

[353] Hirsch J E. An index to quantify an individual's scientific research output [J]. Proceedings of the National Academy of Sciences of the United States of America, 2005, 102 (46): 16569 –16572.

[354] http://old. moe. gov. cn//publicfiles/business/htmlfiles/moe/A13_zcwj/201111/126301. html [2016 –06 –26].

[355] http://www. most. gov. cn/mostinfo/xinxifenlei/gjkjgh/201608/t20160810_127174. htm [2016 –06 –26].

[356] Huang M H, Chang C P. A comparative study on detecting research fronts in the organic light-emitting diode (OLED) field using bibliographic coupling and co-citation [J]. Scientometrics, 2015, 102 (3): 2041 –2057.

[357] Hummon N, Dereian P. Connectivity in a citation network: the development of DNA theory [J]. Social Networks, 1989, 11 (1): 39 –63.

[358] Hyland K. Humble servants of the discipline? Self-mention in research articles [J]. English for Specific Purposes, 2001 (20): 207 –226.

[359] Jacques T S, Sebire N J. The impact of article titles on citation hits: an analysis of general and specialist medical journals [J]. JRSM Short Reports, 2010, 1 (1): 2.

[360] Jahn M. Changes with growth of the scientific literature of two biomedical specialties [D]. Philadephia: Drexel University, MSthesis, 1972.

[361] Jamali H R, NikzadM. Article title type and its relation with the number of downloads and citations [J]. Scientometrics, 2011, 88 (2): 653 –661.

[362] Jarcelin K, Vakkari P. Content analysis of research articles in library and information science [J]. Library & Information Science Research, 1990, 12 (4): 395 –421.

[363] Jarneving B. Bibliographic coupling and its application to research front and other core documents [J]. Journal of Informetrics, 2007 (1): 287 –307.

[364] Koushal K, Levitt J. Michael Thelwall wins the 2015 Derek John de Solla Price Medal [J]. Scientometrics, 2016, 108 (3): 485 –488.

[365] Kessler M M. Bibliographic coupling between scientific papers [J]. Journal of the Association for Information Science & Technology, 2014, 14 (1): 10 –25.

[366] Kessler M M. Bibliographic coupling extended in time: ten case histories [J]. Information Storage & Retrieval, 1963, 1 (4): 169 –187.

[367] Kim E, Cho Y, Kim W. Title: Dynamic patterns of technological convergence in printed electronics technologies: patent citation network [J]. Scientometrics, 2014, 98 (2): 975 –998.

[368] Kleinberg J. Bursty and hierarchical structure in streams [C]. Eighth ACM SIGKDD International Conference on Knowledge Discovery and Data Mining. ACM, 2002: 91 –101.

[369] Kumpulainen K. Library and information science research in 1975. [J]. Libri, 1991 (41): 59 –76.

[370] Kuusi O, Meyer M. Anticipating technological breakthroughs: using bibliographic coupling to explore the nanotubes paradigm [J]. Scientometrics, 2007, 70 (3): 759 –777.

[371] Larivière V, Gingras Y, Sugimoto C R, et al. Team size matters: Collaboration and scientific impact since 1900 [J]. Journal of the Association for

Information Science & Technology, 2015, 66 (7): 1323 –1332.

［372］ Lee B, Chung E K. A Study on interdisciplinary structure of big data research with journal-level bibliographic-coupling analysis ［J］. Journal of the Korean Society for Information Management, 2016, 33 (3): 133 –154.

［373］ Lee M. Recent trends in research methods in library and information science: content analysis of the journal articles ［J］. Journal of the Korean Society for Library and Information Science, 2002 (36): 287 –310.

［374］ Letchford A, Moat H S, Preis T. The advantage of short paper titles ［J］. Royal Society Open Science, 2015, 2 (8): 1 –6.

［375］ Lewison G, Hartley J. What's in a title? Numbers of words and the presence of colons ［J］. Scientometrics, 2005, 63 (2): 341 –356.

［376］ Leydesdorff L. Can scientific journals be classified in terms of aggregated journal-journal citation relations using the Journal Citation Reports? ［J］. Journal of the American Society for Information Science and Technology, 2006, 57 (5): 601 –613.

［377］ Leydesdorff L. Caveats for the use of citation indicators in research and journal evaluations ［J］. Journal of the American Society for Information Science and Technology, 2008, 59 (2): 278 –287.

［378］ Li X, Chen H, Huang Z, Roco M C et al. Patent citation network in nanotechnology (1976 ~2004) ［J］. Journal of Nanoparticle Research, 2007, 9 (3): 337 –352.

［379］ Liu R L. A new bibliographic coupling measure with descriptive capability ［M］. Springer-Verlag New York, Inc. 2017.

［380］ Liu W, Nanetti A, Cheong S A. Knowledge evolution in physics research: an analysis of bibliographic coupling networks ［J］. PLoS ONE, 2017, 12 (9): e0184821.

［381］ Cobo M J, López-Herrera A G, Herrera-Viedma E, Herrera F. SciMAT: a new science mapping analysis software tool ［J］. Journal of the American Society for Information Science and Technology, 2012, 63 (8): 1609 –1630.

[382] Ma L. Some philosophical considerations in using mixed methods in library and information science research [J]. Journal of the American society for Information Science and Technology, 2012 (63): 1859 – 1867.

[383] Mabe M A, Amin M. Dr Jekyll and Dr Hyde: author-reader asymmetries in scholarly publishing [J]. Aslib Proceedings, 2002, 54 (3): 149 – 157.

[384] Macroberts M H, Macroberts B R. Problems of citation analysis [J]. Scientometrics, 1996, 36 (3): 435 – 444.

[385] Mane K K, Borner K. Mapping topics and topic bursts in PNAS [J]. Proceedings of the National Academy of Sciences of the United States of America, 2004, 101 (Suppl 1): 5287 – 5293.

[386] Michelson G. Use of colons in titles and journal status in industrial relations journals [J]. Psychological Reports, 1994, 74 (2): 657 – 658.

[387] Morris S A, Yen G, Wu Z, et al. Time line visualization of research fronts [J]. Journal of the American Society for Information Science and Technology, 2003, 54 (5): 413 – 422.

[388] Nair L B, Gibbert M. What makes a good title and how does it matter for citations? A review and general model of article title attributes in management science [J]. Scientometrics, 2016, 107 (3): 1331 – 1359.

[389] Paiva C E, Lima J P D S N, Paiva B S R. Articles with short titles describing the results are cited more often [J]. Clinics, 2012, 67 (5): 509 – 513.

[390] Park I, Jeong Y, Yoon B, et al. Exploring potential R&D collaboration partners through patent analysis based on bibliographic coupling and latent semantic analysis [J]. Technology Analysis & Strategic Management, 2015, 27 (7): 759 – 781.

[391] Persson O. The intellectuai base and research fronts of JASIS 1986 – 1990 [J]. Journal of the American Society for Information Science, 1994, 45 (1): 31 – 38.

[392] Powelli R R. Recent trends in research: a methodological essay [J].

Library & Information Science Research, 1999 (21): 91 – 119.

[393] Pratt J A, Hauser K, Sugimoto C R. Defining the intellectual structure of information systems and related college of business disciplines: a bibliometric analysis [J]. Scientometrics, 2012, 93 (2): 279 – 304.

[394] Price D D. Networks of scientific papers [J]. Science, 1965, 149: 510 – 515.

[395] Shen L, Xiong B, Hu J. Research status, hotspots and trends for information behavior in China using bibliometric and co-word analysis [J]. Journal of Documentation, 2017, 73 (4): 618 – 634.

[396] Smaii H G, Griffith B C. The structure of scientific literatures I: identifying and graphing speciaities [J]. Science Studies, 1974, 4: 17 – 40.

[397] Small H G, Koenig M E D. Journal clustering using a bibliographic coupling method [J]. Information Processing & Management, 1977, 13 (5): 277 – 288.

[398] Snyder H, Bonzi S. Patterns of self-citation across disciplines (1980 – 1989) [J]. Journal of Information Science, 1998, 24 (6): 431 – 435.

[399] Subotic S, Mukherjee B. Short and amusing: the relationship between title characteristics, downloads, and citations in psychology articles [J]. Journal of Information Science, 2014, 40 (1): 115 – 124.

[400] Sugimoto C R, Cronin B. Biobibliometric profiling: an examination of multifaceted approaches to scholarship [J]. Journal of the American Society for Information Science & Technology, 2014, 63 (3): 450 – 468.

[401] Sugimoto C R, Sugimoto T J, Tsou A, et al. Age stratification and cohort effects in scholarly communication: a study of social sciences [J]. Scientometrics, 2016, 109: 1 – 20.

[402] Thijs B, Zhang L, Glänzel W. Bibliographic coupling and hierarchical clustering for the validation and improvement of subject-classification schemes [J]. Scientometrics, 2015, 105 (3): 1453 – 1467.

[403] Van Eck N J, Waltman L. CitNetExplorer: A new software tool for an-

alyzing and visualizing citation networks ［J］. Journal of Informetrics, 2014 (8):
802 – 823.

［404］ Van Eck N J, Waltman L. Software survey: VOSviewer, a com-
puter program for bibliometric mapping ［J］. Scientometrics, 2010, 84 (2):
523 – 538.

［405］ Weinberg B H. The earliest Hebrew citation indexes ［J］. Journal of
the American Society for Information Science & Technology, 2010, 48 (4):
318 – 330.

［406］ White H D, Mccain K W. Visualizing a discipline: an author co-cita-
tion analysis of information science, 1972 – 1995 ［J］. Journal of the American So-
ciety for Infromation Science, 1998, 49 (4): 327 – 355.

［407］ Yan E, Ding Y. Scholarly network similarities: How bibliographic
coupling networks, citation networks, cocitation networks, topical networks, co-
authorship networks, and coword networks relate to each other ［J］. Journal of
the American Society for Information Science & Technology, 2012, 63 (7):
1313 – 1326.

［408］ Yuan Y L, Gretzel U, Yuenhsien T. Revealing the nature of con-
temporary tourism research: extracting common subject areas through biblio-
graphic coupling ［J］. International Journal of Tourism Research, 2015, 17
(5): 417 – 431.

［409］ Zhang C T. The e-Index, Complementing the h-Index for Excess Cita-
tions ［J］. Plos One, 2009, 4 (5): e5429.

［410］ Zhang L, Tang J H, Liu Y T, et al. An informetric comparison on
LIS methodology between Chinese and foreign articles ［J］. Journal of Library Sci-
ence in China, 2012, 38 (198): 21 – 29.

［411］ Zhao D, Strotmann A. Evolution of research activities and intellectual
influences in information science 1996 – 2005: introducing author bibliographic-
coupling analysis ［J］. Journal of the American Society for Information Science &
Technology, 2010, 59 (13): 2070 – 2086.

［412］Zhao D，Strotmann A. The knowledge base and research front of information science 2006 – 2010：An author cocitation and bibliographic coupling analysis ［J］. Journal of the Association for Information Science & Technology，2014，65（5）：995 – 1006.

后　记

　　师从南京大学叶继元教授攻读博士期间，我开始了期刊评价的相关研究。后来，在中国科学技术信息研究所从事博士后研究工作时，我跟随武夷山老师开始涉足期刊论文评价的研究工作。从期刊到论文，这不仅仅是研究对象的改变，更是一个从中观到微观的一种转变。

　　在实际的科研评价过程中，尤其是高校科研管理部门对于期刊论文的评价主要还是依据论文所发表的期刊来间接评价论文。尽管这种"以刊论文"的评价方式有些简单粗暴，备受争议，但其低成本、及时性、可操作性强、相对客观等优点使其一直是期刊论文评价的一种主要方法。这种评价方式的科学性依赖于期刊论文发表有一定的较为严格的评审机制，论文经过领域专家的评审，高水平学术期刊的论文质量还是有保证的。期刊论文另一种重要的评价方式是利用文献计量指标，如被引频次、h指数等。相对于期刊论文的专家评审，文献计量的评价是一种后评价，同时也是一种更大范围内的"同行评价"。尽管基于被引频次及其一系列相关的评价指标可能存在一定的局限，但它的客观性和科学性还是得到了学术界的认可。像Web of Science、CSCD、CSSCI等平台的开发，为文献计量视角的期刊论文评价提供了丰富的数据基础。

　　本书首先基于国内外学者对学术创新、知识创新、期刊论文创新等期刊概念进行了梳理。从中不难发现，不同学科、不同领域的学者对于期刊论文的创新有着不同的看法。这种认识上的差异性是由期刊论文创新的复杂性所决定的。期刊论文的创新有理论创新、方法创新、应用创新、数据创新等不同表现方式。从时间脉络来看，创新是一个相对的概念，我们评价一篇论文的创新通常是把它与相关研究成果相比之后得出的结论。但现实中，很难把所有与某篇论文相关的研究都能够在短时间内全部找到，并与之比较。期刊论文创新的评价离不开理论指导，本书对于期刊论文评价的相关理论、方法等进行了较为系统的梳理，并选择南京大学叶继元教授提出的"全评价理论"作为本书的主要理论基础。

近些年，我一直对社会网络分析、共词网络、耦合网络、引文网络等网络视角的研究方法很感兴趣，网络视角也是把论文之间根据其关键词共现、引用、共引等因素建立与其他论文之间的关系，它对于定性分析一篇论文的创新性更有价值。本书在实证部分，以突发词、耦合关系、引用关系等角度对于学者、机构和研究方法进行了论文创新性的相关研究。本书没有提出像被引频次那样的文献计量新指标，也没有提出衡量论文创新性大小的标准，而是从论文所处的网络位置等角度，结合社会网络分析的一些指标和可视化图形，更多的是主观层面对期刊论文创新进行了探索性研究。

本书能够顺利完成得到了很多的支持和帮助。

感谢南京大学信息管理学院叶继元教授和中国科学技术发展战略研究院武夷山研究员给予我的指导，感谢安徽财经大学程刚教授的关心和帮助，感谢我的项目组成员余永红、蒋玲、张胡、吴小兰跟我一起完成了该项目。

最后，我要特别感谢我的爱人田大芳女士和儿子魏劲松，正是他们的默默支持使我可以安心做好自己的教学和科研工作。

路漫漫其修远兮，吾将上下而求索！

魏瑞斌

2019 年 8 月 28 日于安徽财经大学